辽东湾近岸海域主要污染物环境容量及总量控制研究

陶 平 邵秘华 汤立君 著

科学出版社

北京

内 容 简 介

本书以辽东湾海洋功能区划为平台基础，以实现不同类型功能区水环境管理要求为控制目标，系统地论述了海洋环境容量和总量控制概念、原理和计算方法，对海域氮、磷、COD 污染要素容量的管控进行分析。首次应用"环境容量计算反演法"计算各功能区的环境容量及入海污染物排放总量控制的正、负量值；然后将系统网络与计算理论应用在环境容量计算中，验证了污染物输入海洋中输出响应浓度场的系统过程是线性、齐次的连续无记忆系统；再次采用响应系数创新运用响应浓度函数，输出响应浓度运用有效值计算容量，在理论上和技术上具有创新之处；最后为实施海洋科学管理、编制自动化管理系统操作软件提供依据，贴近海域监督管理的实际需要。

本书可供海洋科学与管理、环境科学与工程等领域的工作人员、科研单位及高等院校相关专业师生阅读参考。

审图号：GS（2018）6483 号

图书在版编目（CIP）数据

辽东湾近岸海域主要污染物环境容量及总量控制研究/陶平，邵秘华，汤立君著. —北京：科学出版社，2019.1

ISBN 978-7-03-055644-8

Ⅰ.①辽⋯　Ⅱ.①陶⋯　②邵⋯　③汤⋯　Ⅲ.①辽东湾–海域–海洋污染–污染物–环境容量–总排污量控制–研究　Ⅳ.①X55

中国版本图书馆 CIP 数据核字（2017）第 288576 号

责任编辑：狄源硕　孟莹莹 / 责任校对：桂伟利
责任印制：师艳茹 / 封面设计：无极书装

科学出版社 出版

北京东黄城根北街 16 号
邮政编码：100717
http://www.sciencep.com

三河市春园印刷有限公司印刷
科学出版社发行　各地新华书店经销

*

2019 年 1 月第 一 版　开本：720×1000　1/16
2019 年 1 月第一次印刷　印张：17
字数：343 000

定价：156.00 元
（如有印装质量问题，我社负责调换）

前　言

众所周知，污染物总量控制是环境污染防治和环境质量监督管理发展的必然要求。在环境治理初期，我国的污染控制战略主要建立在污染物排放标准的基础上，即单纯依靠控制污染物的排放浓度来实施环境政策和环境管理。但随着经济社会的快速发展，单靠浓度控制已渐渐不能满足环境质量管理的要求，总量控制的理念便应时而生。

20 世纪 80 年代中期，国务院环境保护委员会颁布的《关于防治水污染技术政策的规定》明确指出：“对流域、区域、城市、地区以及工厂企业，污染物排放要实行总量控制。”这是我国关于污染物总量控制制度第一次出现在国家层面的规范性文件中。

至 90 年代末期，尤其是 21 世纪以来，一些海洋环境科学工作者陆续对我国若干典型的中小型海湾，如大连湾、胶州湾、泉州湾、罗源湾、廉州湾等开展了排海污染物总量控制以及与此相关的海洋环境容量的研究。上述研究取得了积极的成果，初步形成了有参考价值的入海污染物总量控制的技术和方法。然而，由于某些客观条件的限制，迄今为止，尚缺少对大型海域（海湾）入海污染物排海总量控制的研究，也少有对海洋环境监督管理具有实用价值、可操作性的研究成果。

时至今日，国家海洋局、环境保护部、国家发展和改革委员会等十部委联合印发了《近岸海域污染防治方案》，其中将“研究制订重点海域污染物总量控制技术指南”作为“十三五”期间近岸海域污染防治的主要任务之一，并将辽东湾列为综合整治的重点海域。本书的完成可谓“适逢其时”。本书的基本思路是以辽东湾海域功能区划为平台，以实现不同类型功能区水环境管理要求为控制目标，基本做到了尽量贴近海域环境监督管理的实际需要。因此，本书可以为制订《辽东湾近岸海域污染物总量控制技术指南》提供重要科学依据，并作为其基本架构。

辽东湾属渤海辽宁海岸，是一个大型的半封闭海湾，面积达 2.4 万 km²，约占渤海总面积的 1/3。根据《辽宁省海洋功能区划（2011—2020 年）》，辽东湾近岸海域划分有 101 个功能区，其中要求海水环境质量不低于我国二类海水水质标准的功能区有 55 个，不低于三类海水水质标准的功能区有 22 个，其余 24 个功能区要求水环境质量保持现状。面对面积如此广阔，功能区类型多样、大小各异、地域分布交叉的辽东湾，现有的污染物总量控制研究的理念及技术方法显然已不能完全适用。

本书研究工作 2012 年启动时，及时与刚颁布实施的《辽宁省海洋功能区划

（2011—2020 年）》对接，将每一个海洋功能区视作全海域污染总量控制的一个小单元。针对不同类型功能区要求的不同水环境质量，模拟计算污染物最大允许排海通量，即功能区的标准环境容量（也称"管理容量"）。在此基础上根据沿海地区社会经济现状及发展趋势，制定功能区内部或相邻功能区之间陆源排污总量的分配与控制方案，基本做到了"有的放矢，大小结合，精准施策"。

本项研究集前人之大成，在国内首次应用"环境容量计算反演法"计算各功能区的环境容量及入海污染物排放总量控制的正、负量值；将系统网络与计算理论应用在环境容量计算中，验证了污染物输入海洋中输出响应浓度场的系统过程是一直线线性、齐次的连续无记忆系统；将以往学者采用响应系数改为运用响应浓度函数（即时间非定常的浓度函数），输出响应浓度使用有效值计算容量的方法，在理论上和技术方法上开展了有益的尝试和探索，具有创新之处，取得较圆满的成果。此外，为更有效地实施海洋管理的信息化和智能化，本书还开发了自动化管理系统操作软件。

本书是在完成辽宁省海洋与渔业厅委托的"辽东湾及毗邻区入海污染物总量控制研究"系列项目的基础上撰写完成的。2012～2015 年，大连海事大学环境科学与工程学院组成课题组，先后完成了囊括辽东湾在内的普兰店湾、复州湾、白沙湾、金州湾、锦州湾、羊头湾、营城子湾、大辽河口、双台子河口、大凌河口、小凌河口、鲅鱼圈海域以及仙人岛海域共 13 个分海区的相关调查研究工作。2016 年项目整体顺利通过验收。

本书由大连海事大学的老师们撰写，各章具体编写人员如下：第 1 章、第 2 章由邵秘华编写；第 3 章、第 4 章由陶平编写；第 5 章、第 6 章由汤立君、陶平编写。陶平和邵秘华负责全书的统稿、定稿工作，汤立君负责绘图。

作者在本书的撰写过程中，得到了辽宁省海洋与渔业厅、辽宁省海洋水产科学研究院、辽宁省水利水电勘察设计院提供的宝贵资料，在此一并诚挚感谢。感谢国家海洋环境监测中心鲍永恩先生提供了课题研究方案和方法；陆凤桐先生指导了容量的数学建模与计算，并在该课题技术路线等方面提出建设性意见，谨致以崇高敬意。同时对参与本项目的硕士生、博士生和研究人员一并致谢。

作者出版此书，旨在与国内同仁、专家共同切磋，为逐步改善我国近岸海域环境质量，实现"十三五"期间水质稳中趋好、2020 年近岸海域水质优良（一、二类）比例达到 70%左右的目标以及渤海辽东湾海域碧海蓝天而共同努力。

鉴于作者水平有限，书中不足之处在所难免，冀望同仁、专家不吝赐教、斧正。

作　者
2018 年 6 月

目　　录

1 辽东湾环境简述

1.1 区域自然环境

1.1.1 形态概貌

辽东湾地处我国管辖海域的最北端,是渤海三大海湾中面积最大的海湾,呈NNE—SSW向嵌入东北大地。

有关辽东湾的地域概念众说纷纭。本书将其定义为渤海中辽冀交界处的山海关老龙头与大连市旅顺口区老铁山西南角连线以北的全部海域(图1-1)。

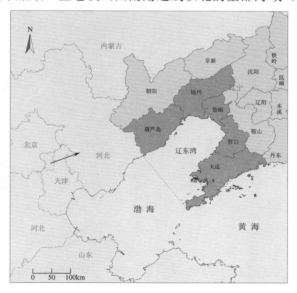

图 1-1 辽东湾地理位置图

辽东湾海域面积约 24 710 km²,占整个渤海总面积(7.7 万 km²)的 32%左右,湾内水深不大,平均约 22 m,其中湾北部最浅,−10 m 等深线距海岸达 30 km,仅在海湾东南部老铁山水道附近水深较大。

辽东湾海岸线全长约 1600 km,其中大陆岸线 1236 km,岛屿岸线 364 km。根据成因、形态和物质组成,可将辽东湾海岸分为淤泥质海岸、砂砾质海岸、基岩海岸三种基本类型。其中,淤泥质海岸主要分布在小凌河口至营口市西崴子北角(属平原淤泥质类型)和瓦房店耗坨子至金州石河镇北海(属岬湾淤泥岸类型),全长约 486 km,占全湾大陆岸线总长的 39.3%。砂砾质海岸集中分布在山海关至兴城,营口市西崴子北角至瓦房店太平湾(属岸堤砂砾岸类型),以及兴城至小凌河口、瓦房店太平湾至耗坨子,旅顺营城子黄龙尾至金州北海(属岬湾砂砾岸类型),总长 625 km,占辽东湾大陆岸线全长的 50.6%。辽东湾内基岩海岸较短,长约 125 km,仅占辽东湾大陆岸线全长的 10.1%,该类海岸主要分布在旅顺营城子黄龙尾至老铁山西南角。此外,湾内的一些岛屿,如长兴岛、西中岛、凤鸣岛、菊花岛等也属岛礁型基岩海岸(图 1-2)。

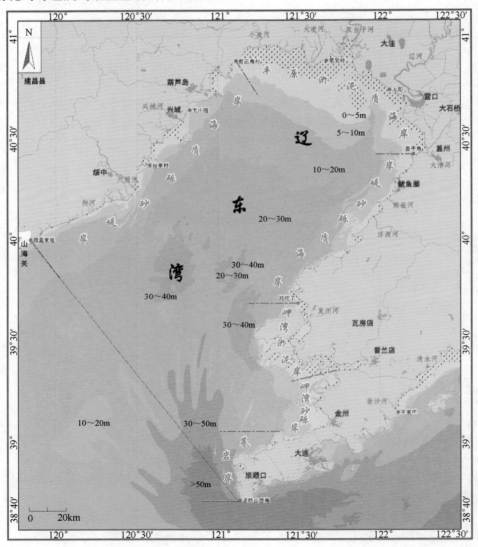

图 1-2　辽东湾水深及海岸类型分布

1.1.2　入海水系

辽东湾周围直接入海的河流约20条,其中流域面积超过500 km²的9条。它们是辽东湾营养物质和泥沙的重要来源,对海洋生物的繁衍生长以及对河口区浅滩的形成具有十分重要的意义。但同时,辽东湾沿海地区陆地以及城镇、工农业的污废水也大多通过这些河流最终排放入海,给湾内的生态环境质量带来负面影响(图1-3)。

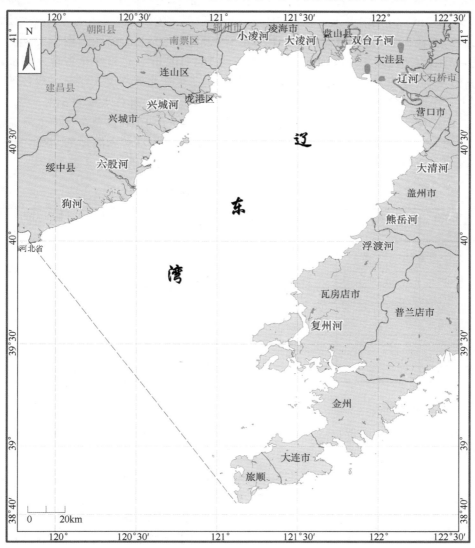

图 1-3　辽东湾主要入海河流分布

注入辽东湾的河流自西向东有九江河、石河、狗河、二河、六股河、烟台河、兴城河、五里河、女儿河、小凌河、大凌河、双台子河、辽河、大辽河、大清河、沙河、熊岳河、李官村河、复州河、三十里堡河等。除独流入海的河流外，均分属于大辽河水系、辽河水系和绕阳河水系。辽东湾周围较大的河流有辽河、大辽河、大凌河和小凌河 4 条。其中辽河是我国七大江河之一，全长 1390 km，流域面积 $21.96×10^4 km^2$；大辽河与浑河、太子河构成了一个独立水系，其主河道全长 94 km，流域面积 1926 km^2。其上游太子河流域面积 $1.39×10^4 km^2$，浑河流域面积 $1.15×10^4 km^2$。流域中多工业城镇，因此该河流是工业废水排入辽东湾的主要通道；大凌河总长 397 km，流域面积 $2.3×10^4 km^2$；小凌河长 206 km，流域面积 5475 km^2。辽东湾沿岸河流多年平均流入湾内的水量约 $154×10^8 m^3$，占辽宁全省总入海水量的 51.9%。辽东湾内的入海水量则主要集中在辽东湾北部，仅大辽河、双台子河和大、小凌河的年均入海水量就达 $94×10^8 m^3$，占全湾入海总水量的 61%。

　　由沿岸河流携带入辽东湾的泥沙多年平均约 $4560×10^4 t$，占整个辽宁入海泥沙总量的 88%。辽东湾北部河流的入海泥沙量占到该湾泥沙总入海量的 96%。其中大凌河入海泥沙量最大，多年平均达 $2603×10^4 t$，占全湾的 57%（表 1-1）。

表 1-1　辽东湾主要入海河流一览表

河流名称	河流长度/km	流域面积/km²	入海水量/（×10⁸m³）	入海泥沙量/（×10⁴t）
小凌河	206	5 475	4.03	364
大凌河	397	23 549	19.63	2 603
双台子河	1 390	21.96×10⁴	18.93	889
大辽河	1 345	21.9×10⁴	48.82	338
大清河	99	1 452	1.45	20.43
熊岳河	43	346	0.62	2.28
浮渡河	45	467	0.96	11.00
六股河	162	3 069	3.22	12.2
兴城河	57	697	0.86	6.85
复州河	129	1 648	1.78	5.44

1.1.3　气象条件

　　辽东湾是我国纬度最高、气温和水温最低的海域，气候属温带-半湿润气候区，冬夏两季气候变化明显，冬季干冷，夏季多雨。

　　沿海地区年均气温等温线基本与大陆岸线平行，自海向陆呈递减趋势。大部分地区年均气温为 9℃，辽东湾顶部年极端最低气温可达−29～−27℃。

　　辽东湾沿岸降水量较低，北部湾顶和西部地区年降水量仅为 600～700 mm，东部稍高。一年中降水量夏多冬少，秋多春少，干湿季节比较明显。而自然蒸发量则与此相反，年蒸发量达 1500～1900 mm。年内春季蒸发量最大。

　　该湾沿岸地区盛行风向随季节发生周期性变化，秋冬季盛行偏北风，春夏季多偏南风。年均风速 4～5 m/s。年内春季风速最大,冬夏季较小。

1.1.4 海洋水文特征

辽东湾北部海域有辽河、双台子河、大凌河和小凌河入海,每年都有大量的淡水下泄,致使沿岸海区盐度偏低。淡水与海水混合而成的低盐水的消长及降水、蒸发等是决定本海区盐度分布的主要因素。

辽东湾水深较浅,水温受气候影响较大,盛夏季水温较高,但隆冬严寒水温骤降,北部浅水区出现冰冻,水温年较差可达 23～27℃。

海水盐度近岸低于远岸,河口为低盐区。辽东湾近岸盐度平均为 31.95。夏季北部入海河流进入丰水期,由于大量淡水入海,河口区盐度降至 29.0 以下,等盐线呈舌状向南和西南伸展,水平盐度在 3.0 以上;海湾东、西两岸盐度均在 31.0 以上。辽河口盐度锋面位于三道沟上游 2 km 至下游 2 km 范围内,在 2009～2015 年径流条件下高潮和低潮时刻盐度值分别为 16～26 和 10～16;三道沟附近高潮时刻盐度值在 5、7 和 8 月份径流条件下分别为 21～22、18～19 和 15～16。

辽东湾潮汐类型复杂多样。兴城市南部近岸属非正规混合潮,绥中沿岸为正规日潮,辽西团山角附近至辽东湾北岸以及辽东湾东岸则为非正规半日潮。

辽东湾东西两岸平均潮差呈对称分布,往湾顶加大,最大潮差可达 5.5 m。

辽东湾的海流是由黄海暖流形成的辽东湾环流。春季形成顺时针方向的环流,夏季则为逆时针方向。

1.1.5 海冰

辽东湾是我国海冰冰情最重的海区,一般年份冰情通常自 11 月中、下旬开始至翌年 3 月中、下旬结束,冰期约 4 个月。

辽东湾北部海域,轻冰年固定冰宽度一般为 1～5 km,盛冰期浮冰外缘线南伸至 40 n mile[①];河口浅滩区固定冰宽度可达 10 km 以上,冰厚 30～40 cm。重冰年辽东湾浮冰外缘线可向南延伸至 108 n mile。

1.2 沿海地区社会与经济环境

1.2.1 行政区、人口与主要城镇

辽东湾沿海地区全部由辽宁省管辖。自东向西分属大连市(旅顺口区、大连市区、金普新区、普兰店市[②]和瓦房店市)、营口市(市区、盖州市、鲅鱼圈区)、

---

① 1 n mile=1.852 km
② 2015 年 10 月,撤消普兰店市,设立普兰店区。在研究本书内容期间,仍为普兰店市。

锦州市（凌海市）、盘锦市（大洼县①、盘山县）以及葫芦岛市（连山区、龙港区、兴城市、绥中县）五个省辖市（其中大连市为计划单列市），共 15 个县（市、区）。陆域面积共 25 505 km² （图 1-4）。

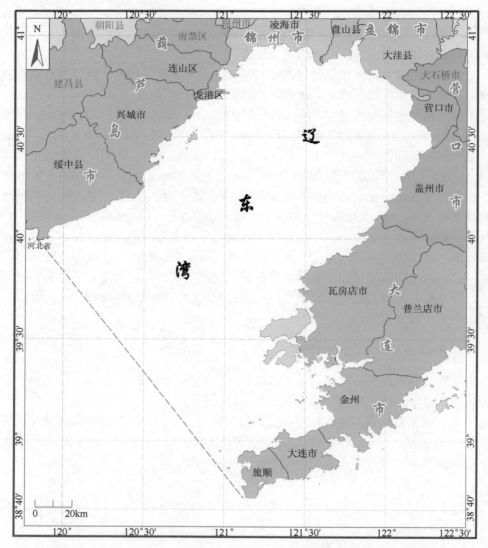

图 1-4　辽东湾沿海地区政区分布图

辽东湾上述沿海地区共有人口 1751 万，人口平均密度为 697 人/km²。辽东湾沿海地区有主要城镇 15 个，其中建城区常住人口百万以上的有 1 个，50 万～100 万

---

① 2016 年 3 月，撤消大洼县，设立大洼区。在研究本书内容期间，仍为大洼县。

的 4 个，20 万～50 万的 2 个，20 万以下的 8 个。沿海各县（市、区）人口密度分布见图 1-5。

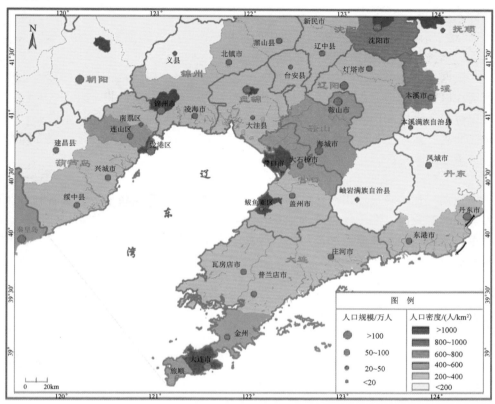

图 1-5 辽东湾沿海各县（市、区）人口密度及主要城镇分布图

辽东湾沿海地区密集的人口和众多的城镇致使人们的生活和生产活动对邻近海域的生态环境带来的负面影响也相应较显著。

1.2.2 经济结构及主要产业分布

辽东湾沿海地区是我国主要经济区之一"环渤海经济区"的北翼，也是辽宁省经济基础较雄厚、活力较强的地区之一。据统计，2016 年辽东湾沿海 5 市地区生产总值合计占辽宁全省的 45%。

随着《辽宁沿海经济带发展规划》的实施，作为该沿海经济带的主要组成部分，辽东湾沿海地区的经济发展也步入快车道。《辽宁沿海经济带发展规划》从空间布局、产业发展、城乡发展、工业生产、基础设施、开放合作、资源环境等方面确立了辽宁沿海经济带的发展方向。《辽宁沿海经济带发展规划》的实施不仅将加快辽宁沿海经济的全面快速发展，对于振兴东北老工业基地、完善我国沿海经济布局具有重要战略意义，同时也为辽东湾生态环境的治理和管理提出了严峻的任务。

《辽宁沿海经济带发展规划》提出的辽东湾沿海地区的主要产业布局如下。

1）老铁山西南岬角至长兴岛沿海地区

根据《大连市城市总体规划（2009—2020）》，普湾新区定位为现代服务业集聚区和以装备制造、仪器仪表、精细化工为主的产业集聚区；将金普新区—保税区定位为海港区和国际空港区、临港生产服务中心和物流业、高新技术产业、战略性新兴产业、先进制造业基地。大连长兴岛临港工业区从 2010 年起升级为国家级经济技术开发区。

2）复州湾至瓦房店北部沿海地区

根据《瓦房店市城市总体规划（2009—2030）》，瓦房店将成为以装备制造业为主导的产业区。海岸线划分为生态养殖岸线、生态旅游岸线、生态居住岸线、城市设施岸线、工业岸线和港口岸线等功能类型；海域划分为渔业增养殖区和斑海豹自然保护区两大类功能。

3）营口鲅鱼圈沿海地区

该区域以滨海旅游和港口航运为主，规划建设以杂货码头、修船工业、物流作业和综合服务为一体的临港工业区。

4）营口沿海地区

营口沿海产业基地主要发展化工、冶金、重装备等产业。沿海主要功能区有营口工业与城镇建设区、辽滨工业与城镇建设区等。

5）盘锦双台子河口邻近地区

根据《盘锦辽滨沿海经济区总体规划（2009—2020）》，该区域重点发展海洋石油工程装备制造、船舶制造及配套产业、石油化工产业、新材料产业；以盘锦新港为依托的现代临港物流产业。2006 年辽宁省政府将盘锦辽滨沿海经济区纳入"五点一线"沿海重点开发区域，并命名为"盘锦船舶工业基地"。

6）锦州湾沿海地区

锦州湾沿海地区包括锦州西海工业区和葫芦岛北港工业区。西海工业区规划为建设汽车及零部件产业园、光伏产业园和精细化工产业园为主导产业的园区。葫芦岛北港工业区定位为发展船舶制造及船用配套产业、石油化工和精细化工产业、有色金属精深加工产业、临港仓储物流业及以轻工业为主的出口加工业。

7）兴城和绥中沿海地区

兴城临海产业是辽宁省"五点一线"沿海经济带的重点支持区域，多年来形成以酒水酿造、针织服务、塑胶制品、金属冶炼为主的支柱产业。

绥中滨海经济区西部重点发展电子信息、新能源与新材料等高新技术产业；

中部重点发展文化、教育和商贸；东部发展先进制造业；沿海地区重点发展滨海旅游业。

随着《辽宁沿海经济带发展规划》的逐步实施，辽东湾沿海地区经济结构将进一步优化，主要产业布局也将更加合理，有利于建设资源节约型和环境友好型社会，充分利用沿海岸线、土地等资源优势，有效地开发废弃盐田和荒滩，推进陆域生态建设，对进一步控制和减少陆源排污，促进主要污染物排海总量控制，保护辽东湾生态环境具有重要意义。

1.2.3　海洋经济

据辽宁省海洋经济统计资料，2000 年全省主要海洋产业总产值为 500 亿元（人民币，下同），三次产业结构比例为 48∶34∶18，到 2010 年全省主要海洋产业总产值达 2619.6 亿元，10 年间增长五倍。海洋产业产值占全省生产总值的比例达19.9%。2016 年全省主要海洋产业总产值达到 3661 亿元，同比增长 4%（图 1-6）。

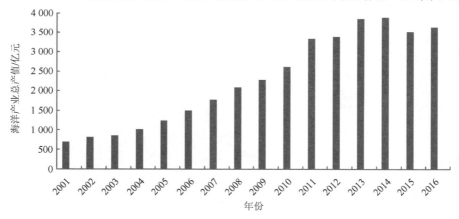

图 1-6　2001~2016 年辽宁全省海洋产业总产值发展趋势

由统计资料可见，21 世纪以来，辽宁省的海洋经济发展十分迅速，其中海洋船舶修造业、海洋盐业、海洋油气业、海洋化工业以及海洋交通运输业、滨海旅游业等第二和第三产业的发展尤为迅速。

辽东湾地区的海洋经济发展速度也较快。以 2015 年为例，当年辽宁沿海地区五个地级市主要海洋产业总产值为 2578.1 亿元。其中辽东湾沿岸的营口市 260.9亿元，占 10.1%；盘锦市 264.7 亿元，占 10.3%；锦州市 210.3 亿元，占 8.2%；葫芦岛市 258.1 亿元，占 10.0%；上述四市合计 994 亿元，占当年全省海洋总产值38.6%。若加上大连市辽东湾侧一县（市、区）的海洋产业产值，这一比例将更高（图 1-7）。

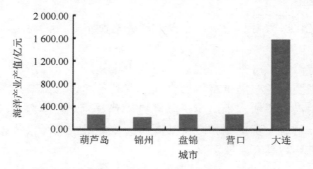

图 1-7　2015 年辽宁沿海五市海洋产业产值占比

1.3　辽东湾海区生态环境

1.3.1　环境污染

1. 海水普遍受到污染

近年来调查监测表明,我国大部分近岸海域海水水质均遭到不同程度的污染,辽东湾是其中污染范围较广、污染程度较重的海区之一。图 1-8 反映 2001 年、2003

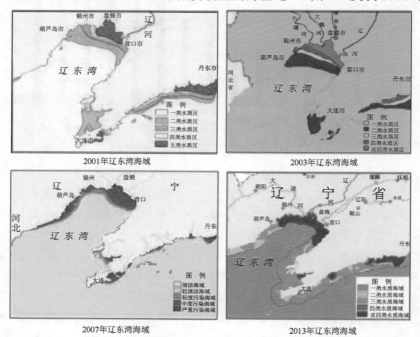

图 1-8　历年辽东湾海水污染状况分布图

引自历年辽宁省海洋环境状况公报

年、2007 年以及 2013 年辽东湾海域海水环境质量的分布状况，可见 2013 年来，该海域海水污染区空间分布变化不大，污染区主要分布在辽东湾的北部，即大辽河口—双台子河口一带，以及锦州湾和鲅鱼圈等海区。

由 2013 年水污染状况图可以看出，辽东湾近岸几乎全部被劣三类水质环绕。其中锦州湾、大凌河口—双台子河口—辽河口近岸水质全为劣四类。据统计，2013 年辽东湾劣于二类水质标准的海域面积达 8280 km²，约占整个辽东湾总面积的 33.5%，其中四类和劣四类严重污染水体面积达 3660 km²，占辽东湾总面积的 14.8%。

辽东湾海水的主要污染物是无机氮、无机磷、石油类以及部分重金属。其中氮、磷主要来源于辽河和双台子河的输入，致使河口海域水质无机氮平均含量超过四类海水水质标准（0.5 mg/L），无机磷平均含量超过二、三类海水水质标准（0.03 mg/L），四类和劣四类水质区面积达几千平方公里。

此外，辽东湾海水中石油类含量的超标区（≥0.05 mg/L）主要分布在辽河口、锦州湾和鲅鱼圈一带，而汞在该湾北部河口区和锦州湾也有局地超标。

众所周知，双台子河口海区和锦州湾海区是整个辽东湾的两个重要污染区。图 1-9 和图 1-10 分别反映 2005～2010 年上述两海区海水无机氮、无机磷和石油类含量的年际变化。

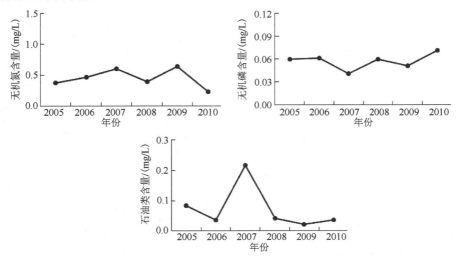

图 1-9　2005～2010 年双台子河口海区主要水质指标年际变化

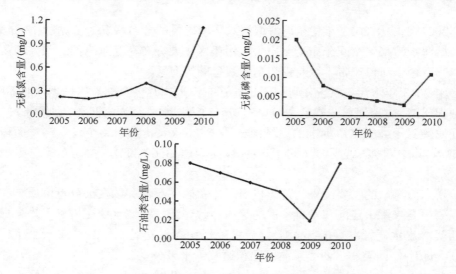

图 1-10　2005～2010 年锦州湾海区主要水质指标年际变化

图 1-9 表明，六年来双台子河口海区水质无机氮、无机磷和石油类含量呈波动变化。其中无机氮含量 2009 年最高，2010 年较低。而无机磷历年平均含量均超过四类海水水质标准。

图 1-10 则反映六年来锦州湾海区水质无机氮和无机磷年均含量均呈上升趋势。其中，无机氮年均含量变化范围为 0.160～1.074 mg/L；无机磷年均含量为 0.002～0.02 mg/L。因此可以认为，锦州湾水质营养盐污染主要是无机氮造成的。

2. 沉积物中部分污染指标偏高

辽东湾沉积物环境质量总体良好，但局部近岸海域，尤其是一些河口、海湾沉积物已受到有机物、重金属以及有机氯化合物的污染，如辽河口的有机污染，锦州湾和辽河口的重金属汞和镉污染，辽河口、锦州湾的有机氯（DDT、PCBs）污染等。其中锦州湾沉积物中的汞、镉含量和辽河口的隔含量在我国近岸众多的河口、海湾中均居前列。

对我国近岸 33 处重点河口、海湾沉积物中主要污染的潜在生态风险水平评价结果表明，双台子河口—辽河口和锦州湾海域沉积物具有较高的潜在生态风险。其中双台子河口—辽河口局部海域，综合生态风险程度较高，主要风险因子是镉；锦州湾综合生态风险程度也较高，主要风险因子为汞和镉（张晓霞等，2016）。

3. 局部海区生物质量下降

以双台子河口海区为例。2005～2010 年该海域生物质量主要指标的年际变化见表 1-2。

表 1-2 2005～2010 年双台子河口海域生物质量主要指标年际变化（单位：mg/kg）

年份	石油烃	总汞	砷	镉	铅	六六六	滴滴涕
2005	7.40	0.029	0.12	2.14	0.316	—	—
2006	7.12	0.030	0.15	1.80	0.366	—	—
2007	32.88	0.007	0.28	1.25	0.056	0.005 3	0.030 6
2008	6.29	0.027	0.14	2.14	0.244	—	—
2010	—	0.021	2.24	0.11	0.032	0.000 5	0.003 2

注：由于 2009 年没有开展该海域的调查，故无数据。
资料来源：韩庚辰和樊景凤，2016。

由上表可见，双台子河口海域生物质量状况总体较差，石油烃、镉、砷存在不同程度的污染。全部测点生物体砷含量均超过一类海洋生物质量标准。2005～2008 年，镉含量仅能满足二、三类海洋生物质量标准，2007 年生物体内石油烃的平均含量也超过一类海洋生物质量标准。

2005～2010 年锦州湾海域生物质量主要指标的年际变化列于表 1-3。

表 1-3 2005～2010 年锦州湾海域生物质量主要指标年际变化（单位：mg/kg）

年份	石油烃	总汞	砷	镉	铅	六六六	滴滴涕
2005	28.2	0.02	0.96	0.14	1.17	0.8	—
2006	25.6	0.01	0.75	0.12	0.86	0.52	—
2007	9.95	0.03	1.66	0.26	0.07	—	0.005 5
2008	0.203	0.034	0.64	0.127	0.07	—	0.003 9
2009	8.644	0.006 8	2.66	0.18	0.07	0.004 4	0.001 2
2010	—	0.016	2.71	0.143	0.114	0.000 28	0.020 8

资料来源：韩庚辰和樊景凤，2016。

可见，2005～2010 年，锦州湾生物体砷含量呈上升趋势，已超出一类海洋生物质量标准，铅含量呈先下降后上升趋势，已达到二类海洋生物质量标准。因此锦州湾海域的生物体主要受到铅、砷的污染。

1.3.2 生态破坏

1. 生物生产力下降，传统优质渔业资源明显衰退

双台子河口海域近年来水质活性磷酸盐污染日趋严重，营养盐比例失调。与 20 世纪 80 年代相比，鱼卵和仔鱼的种类和数量均明显降低，适于多种鱼类及其他海洋生物胚胎发育和幼体孵化的生境逐渐消失，底栖生物趋向个体小型化，但经济生物数量比例明显减少，河口生态系的经济价值显著下降。传统优良产卵场的生物生产功能正在严重退化。除一些河口海域外，锦州湾、普兰店湾等原来生产力较高的海域，生物生产力也明显下降。

辽东湾历来被誉为渤海"天然渔场"的"中心渔场"。20 世纪 60 年代初，辽东湾的经济鱼类多达 50 余种。如今，能够形成渔汛的经济鱼类仅五六种，黄花鱼、

带鱼等已基本绝产，主要捕捞品种如虾姑、日本鲟等资源量也大幅减少。

2. 生物多样性降低，群落优势种类更替频发

由于捕捞过度，环境污染以及水文条件的剧变，辽东湾海域生物种类越来越少，尤为明显的是原为辽东湾优势渔业资源的小黄花鱼、带鱼和真鲷等现已鲜见。有些河口型种类，如鳓鱼等基本绝迹。许多岸段的潮间带生物种类也越来越少，一些滨海湿地中的野生动物，尤其是鸟类的种类和数量也明显减少（程嘉熠等，2016）。

同时，辽东湾海域渔业优势资源的变化和更替频繁，20 世纪 60 年代以前，辽东湾海域的优势渔业资源以小黄花鱼和带鱼为主，由于捕捞强度迅猛加大，上述品种开始衰退，而蓝点马鲛产量开始上升，成为主要捕捞对象。但几年后，蓝点马鲛也很快衰退下来，难以形成渔汛。到 20 世纪 70 年代末至 80 年代初只剩下对虾、毛虾和海蜇，即所谓"两虾一蜇"。而目前，对虾也衰退，毛虾产量也不及50 年代的一半，连海蜇数量也很不稳定。

3. 典型生态系统受损，湿地面积不断缩减和破碎化

双台子河口海域和锦州湾海域的生态系统受损在整个辽东湾最为严重。其中，双台子河口海域存在的主要生态问题：一是海区水质富营养化加剧，石油类和重金属污染趋于严重；二是人类开发活动频繁，湿地环境破碎化；三是海区生物群落结构改变显著，渔业资源衰退明显。锦州湾海域存在的主要生态问题：一是海域污染严重，底栖生物锐减甚至绝迹，并出现大面积的无生物区；二是用海工程不断，生物栖息地遭到严重破坏。

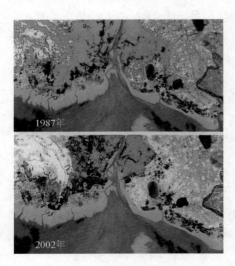

图 1-11　卫片辽河三角洲湿地芦苇面积（红色区）的变化

湿地生态系统被誉为"地球之肾"，它是水陆相互作用形成的独特生态系统，是自然界最富生物多样性的生态景观和人类最重要的生存环境之一。

辽东湾北部的辽河三角洲拥有我国最大、世界第二的芦苇湿地，野生水禽十分丰富。由于过度开发，特别是 20 世纪 80 年代以来，稻田、苇田、盐田、油田、虾田竞相开发，辽河三角洲湿地面积已由 1987 年的 604.3 km^2 锐减到 2002 年239.7 km^2，15 年间缩减了 60.3%（图 1-11）。而且，天然湿地生态系统的完整性也遭到

严重破坏，一些堤坝、油井、道路甚至村庄逐步深入湿地，将连片湿地分割成独立碎块，阻断了鱼虾蟹类和其他湿地生物的通道，导致洄游性生物急剧减少。

4. 生态灾害频发，赤潮不断

辽东湾海域是我国赤潮的多发区。20 世纪 70 年代以来，随着陆源入海的氮、磷等营养盐类不断增长，近岸海域富营养化程度越来越高，加上营养盐结构失调，辽东湾赤潮发生的频率不断增长，面积越来越大，持续时间越来越长，引发赤潮的生物种类越来越多，造成的危害也越来越严重。例如，1998 年 9 月 18 日，辽东湾西部的锦州湾海域发现异常水体，呈褐色或橙红色，条带状或片状分布，面积约 2000 km^2，前后历时 20 多天，范围几乎波及渤海大部分海域（图 1-12）。

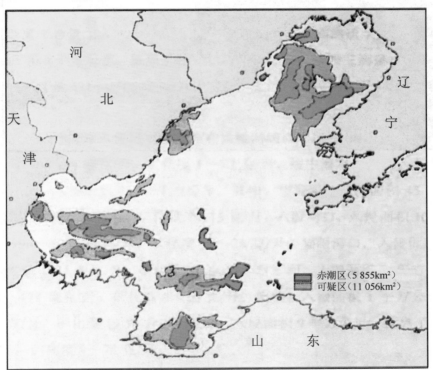

图 1-12 1998 年辽东湾大面积赤潮

资料来源：赵冬至，2013

进入 21 世纪，赤潮发生频率有增无减，辽东湾、锦州湾、鲅鱼圈西部以及长兴岛西部等海域仍是赤潮的多发区（图 1-13）。

图 1-13   2002 年 6 月 15 日 HY-1 卫星监测辽东湾赤潮图

1.4   辽东湾海域环境保护与管理的主要实践

辽东湾海域的环境污染问题早在 1972 年就引起中央政府的重视。同年，国务院责成卫生部组织辽宁、河北、山东三省和天津市，开展了包括辽东湾在内的"渤海及黄海北部近岸海域污染调查"，从而开启了我国海洋环境保护与管理的序幕。

四十多年来，中央有关部门、沿海地方政府，以及有关高等院校与科研单位对辽东湾的环境污染与生态问题不间断地开展了多学科、全方位的调查研究，一些专家学者也对此进行了专题研究。其中，对辽东湾海域环境保护与管理具有全局意义的主要有以下几个方面。

1. 持续调查监测，掌握环境污染状况

相关部门持续地调查监测，全面掌握了辽东湾海域的污染状况及其历年来的发展变化趋势，为该海域的污染防治和环境管理提供了准确可靠的依据。

除 1972～1973 年两年开展的"渤海及黄海北部近岸海域污染调查"外，涉及辽东湾的海洋污染调查监测工作还有：1973～1974 年由中国科学院海洋研究所开展

的"渤黄海油污染专项调查";1976 年由国家海洋局牵头组织,辽宁、河北、山东、天津三省一市政府参加的"渤海污染综合调查";1978～1997 年由"渤黄海环境监测网"和"全国海洋环境监测网"统一组织实施的每年两次(5～8 月)污染监测;1998～2000 年由国家海洋局组织,我国沿海各省(区、市)参加的"第二次全国海洋污染调查",以及随后由辽宁省海洋与渔业厅每年实施的辽东湾海洋环境监测。

多年调查监测表明,20 世纪 70 年代,尽管辽东湾海域已开始显现出污染问题,但从范围而论,污染仅限于某些重化工业集中的城市近岸(如锦州湾)和流经大、中城市的河流入海口(如辽河口);就污染类型而论,则以大型工矿企业入海排污口附近的重金属,以及油田和航道附近的油污染为主。因而污染范围有限,污染类型单一。

20 世纪 80 年代以来,随着改革开放,国民经济超常规增长,辽东湾海域的环境问题也日益凸显,海湾环境恶化趋势明显(王琪和陈贞,2009)。到 20 世纪 90 年代,辽东湾已出现一定面积的劣二类水质海域,并且以氮、磷为代表的营养盐污染和有机污染呈现明显的发展趋势。21 世纪初,辽东湾除中部海域海水质量尚能维持一类水质外,大部分近岸海域,尤其是各大河口海域,水质处于四类或劣四类水质,其中劣四类水质分布区面积≥3000 km^2,主要超标污染物为化学需氧量、活性磷酸盐、无机氮和石油类。

2. 实施《渤海碧海行动计划》

包括辽东湾及其周边地区在内的《渤海碧海行动计划》是我国"十五"期间的重要环保工作之一。该计划总投资 555 亿元,实施 427 个项目,用于渤海及周边地区的污染治理、生态建设恢复、改变传统生产方式、环境管理监测及科研。实施区域包括津、冀、辽、鲁辖区内的 13 个沿海城市和渤海海域近 23 万 km^2。《渤海碧海行动计划》目标是力争到 2015 年渤海海域环境质量明显好转,生态系统初步改善。《渤海碧海行动计划》从 2001 年至 2015 年,以五年为一期,共分三期;以控制陆源污染为重点,以恢复和改善环境为立足点,突出对海岸带的有效管理。

该《渤海碧海行动计划》以恢复和改善渤海的水质和生态环境为立足点,以调整和改变该地区的生产生活方式、促进经济增长方式的转变为基本途径,陆海兼顾、河海统筹,以整治陆源污染为重点,遏制海域环境的不断恶化,促进海域环境质量的改善,努力增强海洋生态系统服务功能,确保环渤海地区社会经济的可持续发展。

行动目标分为近期、中期和远期。近期目标为海域环境污染得到初步控制,生态破坏的趋势得到初步缓解;中期目标为海域质量得到初步改善,生态破坏得到有效控制,以控制非点源污染为重点,到 2010 年陆源 COD 入海量比 2005 年削减 10%以上,磷酸盐和无机氮的入海量分别削减 15%,石油类的入海量削减 20%,近岸海域水质基本达到环境功能区划保护目标。实施生态养殖模式,建成一批生态示范区,进一步完善海岸生态隔离带的建设,建成港口船舶废弃物接收处理设施,建立环境污染与赤潮灾害监测和预警处置系统。海域环境质量得到初步改善,生态破坏得到有效控制。远期目标为海域环境质量明显好转,生态系统初步改善以实现近岸海域环境功能区划要求为目标,初步建立可持续生态系统,提高生态系统服务功能。

在执行此次计划过程中,重点要做到对工业污染源加强控制,陆地非点源控制,污水资源化利用,重大涉海污染事故控制,养殖排污控制,进行绿色消费,进行重点养殖水域生态环境修复,推进重点海域的海底植被增殖,启动受损生态系统生态恢复工程。其中辽东湾葫芦岛海域的底质污染整治工程是重点之一。

3. 编制《渤海环境保护总体规划》

进入 21 世纪,环渤海地区已成为我国社会经济高度发达的区域,并将更加发达,由此产生的陆域水资源、水环境条件恶化,引发渤海服务功能显著下降,可持续利用能力加速消失,陆海一体的环境保护压力日益增大,急需陆源统筹,实现和谐发展。

2006 年 8 月开始,国家发展和改革委员会组织环渤海三省一市以及中央有关部门和央企编制《渤海环境保护总体规划》,并确定了陆源统筹,以海定陆,从山顶到海洋一体化规划;全程参与科学决策,形成合力,自觉按规律办事,科技创新,形成后劲,提出跨部门、跨流域、跨地区问题的解决方案和战略措施;制度保障、政策导向、发挥各方首创精神和责任感,破解体制性、机制性难题四项基本原则。《渤海环境保护总体规划》涵盖 2007～2030 年,共分三个阶段,其规划目标分别是:

1)近期目标(2007～2010 年)

(1)建立跨部门、跨地区、跨流域的统筹协调体制,形成渤海环境保护合力。

(2)建立有效覆盖典型生态系统海区、海域功能区、海洋生态灾害多发区的主要入海排污口的监测、监视体系并实施有效监控,形成针对环境灾害的准确高效预警、预测及应急能力。

(3)启动流域水资源、水环境综合管理战略行动和小流域点、面源污染综合治理工程,提高工业污染源稳定达标率,城市污水处理场运行率和垃圾处理合格率。

(4)重要海洋功能区达标率提高,湿地得到保护和恢复、沿海防护林工程得到有效增长。

(5)船舶、港口污染控制,石油平台和倾废监管,海洋资源发展与保护延续成功经验达到新高度。

2）中期目标（2011～2020 年）

（1）统筹协调机制可持续发挥作用。

（2）从山顶到海洋的一体化规划、决策系统初步形成，部门间、地区间、流域间的污染治理与生态保护信息形成无缝传递。

（3）流域水资源、水环境综合管理产生的节水、治污效果初步显现，小流域综合治理的经验得到推广；工业废水的保护稳定达标，城市污水和生活垃圾全部得到有效处理。

（4）清洁海域面积显著增长，主要功能区达标率达到 90% 以上，主要入海河流功能区达标率达到 60% 以上。

3）远期目标（2021～2030 年）

（1）渤海生态功能全面恢复，重要类别功能区全部达标。

（2）主要入海河流功能区达标率达到 80% 以上，生态流量实现规划方案，入海排污量限制在环境容量水平。

（3）流域城市、农村实现和谐发展，依靠经济增长方式的转变，实现节水、治污、环境与经济双赢。

（4）海洋资源得到有效开发利用，为环渤海经济圈可持续发展提供有利条件。

《渤海环境保护总体规划》充分认识到解决渤海环境问题的重要性和长期性，计划到 2030 年实现入海生态流量从现状 347.8 亿 m³/d 增加到 482.5 亿 m³/d，COD 入海总量从 150 万 t/a 减少到 40 万 t/a；氨氮入海量从 11 万 t/a 减少到 2.0 万 t/a，入海河流功能区达标率从 42% 提高到 80%，自然保护区、旅游区、渔业区三个重要功能区达标率全部为 100%。

作为渤海地区的重要组成部分，以及渤海海洋环境问题最突出的海域，《渤海环境保护总体规划》的实施对辽东湾的环境整治和生态保护是具有十分重要的意义。

4. 制定并实施海洋功能区划

随着振兴东北老工业基地和辽宁沿海经济带发展规划的实施，辽宁省海洋经济步入快速发展阶段，海洋开发与保护面临新的形势和要求。为转变发展方式，优化海洋开发空间布局，合理配置海洋资源，保护海洋生态环境，保障民生，实现辽宁沿海地区的科学发展、和谐发展、创新发展、一体化发展，促进东北地区沿海沿边开放和全面振兴，辽宁省人民政府依据国家相关法律法规编制了《辽宁省海洋功能区划（2011—2020 年）》。

通过科学编制和严格实施海洋功能区划，优化海洋开发空间格局，合理利用海洋资源，维护海洋生态系统服务功能，改善海洋功能区生态环境质量，建立区划统筹调控体系，实现海域资源的可持续利用和海洋生态环境的有效保护，提高海洋经济整体水平，推进辽宁沿海经济带发展（万众成等，2006）。2020 年主要目标是：改善海洋环境质量，治理改善环境质量不达标的海洋功能区，主要污染物排海总量得到初步控制，重点污染海域环境质量得到改善，局部海域海洋生态恶化趋势得到遏制，近海及海岸重要湿地得到保护，部分受损海洋生态系统得到初步修复。

　　功能区划依据沿海经济发展布局和近海海洋生态区类，将辽东湾近岸海域划分为以下三个重点海域（图1-14）。

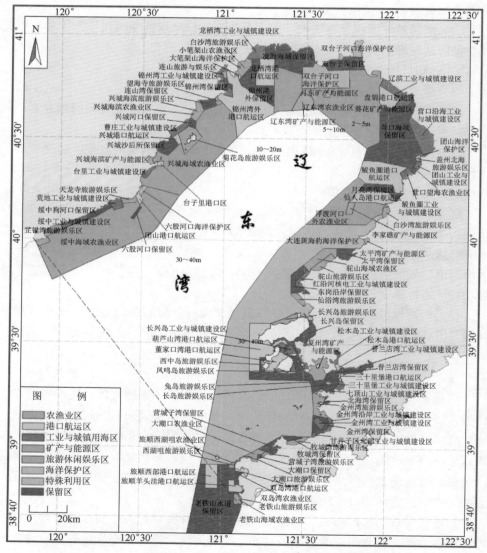

图1-14　辽东湾海洋功能区划图

1）辽东半岛西部海域（辽东湾东部海域）

海岸线自老铁山西角至浮渡河口，海域面积 7005 km²，大陆岸线长 620 km。本区域是辽宁沿海经济带"主轴"的重要部分。海区港口航道自然条件优越，旅顺西部、金州湾北部、瓦房店市北部滨海旅游资源丰富，海砂矿产资源和海洋风能开发潜力较大，海域生物多样性显著，斑海豹、蝮蛇等是国家重要的生物保护物种。海域主要功能是港口航运、工业与城镇用海、滨海旅游和海洋保护。发展长兴岛、双岛湾、太平湾航运物流和临海临港产业，建设普湾新区、甘井子区北部、金州湾顶滨海城镇，发展旅顺口区、金州湾北部、瓦房店市北部滨海旅游业和现代海洋渔业，开发瓦房店、金州北部海洋风能资源，保护斑海豹和蝮蛇等珍稀生物物种。

海域内保障长兴岛等重点区域建设用海需求。加强海岛生态系统、珍稀生物物种、典型地质遗迹保护，整治修复普兰店湾、复州湾、金州湾受损海湾和岛礁生态系统。集约节约利用海域和岸线资源，提升滨海城镇生态宜居环境。

2）辽东湾北部海域

海岸线自浮渡河口至锦州湾，海域面积 4173 km²，大陆岸线长 358 km。该区域是辽宁沿海经济带"主轴"的重要部分，是我国重要的油气资源区和滨海湿地保护区，是东北地区重要的出海通道。

海域主要功能为海洋保护、港口航运、矿产资源开发和工业与城镇。保护双台子河、大凌河口湿地系统，发展仙人岛、鲅鱼圈、盘锦港。锦州港及龙栖湾港口航运，开发辽东湾顶滩海油气资源，建设鲅鱼圈北部、营口沿岸、辽滨、龙栖湾临海临港产业，推进营口白沙湾、北海新区、辽滨、笔架山沿岸滨海旅游和城镇建设，加强凌海和盘山浅海区域渔业资源养护与利用。

本海域应保障滩海油气开采和港口航运用海，合理安排工业与城镇用海。维护河口湿地自然系统，改善近岸海域水质、底质和生物环境质量，整治修复营口白沙湾、红海滩湿地、大笔架山连岛沙坝、锦州孙家湾景观资源，养护辽东湾渔业资源。加强海岸侵蚀、海水入侵、海冰灾害的监测与防治。

3）辽西海域（辽东湾西部海域）

海岸线自锦州湾至辽冀海域行政区域界限，海域面积 3391 km²，大陆岸线长 260 km。区域位处辽宁沿海经济带与京津翼经济区的结合部，绥中沿岸、兴城海滨、菊花岛等滨海旅游条件优越，近海矿产、油气和渔业资源丰富。

海域主要功能为滨海旅游、港口航运和渔业资源利用。重点发展龙湾至兴城、菊花岛、绥中西部滨海旅游，建设葫芦岛港、石河港港口航运体系，发展连山区、北港工业区、兴城临海产业区和绥中滨海经济区临海产业，加强近海渔业资源养护与利用。

海域内保障滨海旅游和重点区域建设用海需求，维护重要河口和原生砂质海岸自然生态系统，禁止河口、岸滩和近岸海域采砂，整治修复受损河口生态系统和原生砂质海岸景观，加强二河口至石河口海岸侵蚀灾害监测与防治。

辽东湾海域共划分各类功能区共 101 个，其中渔业区 12 个，港口航运区 15 个，工业与城镇用海区 19 个，矿产与能源区 7 个，旅游休闲娱乐区 22 个，海洋保护区 5 个，保留区 21 个。同时对每个功能区均规定了海域使用管理要求和相对应的海洋环境保护要求。

海洋功能区划的制定和实施在辽东湾生态环境管理进程中具有里程碑的意义，它使排海污染物总量控制有了坚实的依据和标准。

5. 完成海洋生态功能区划

20 世纪 80～90 年代以来，辽东湾海域面临着环境污染、资源衰退、生物多样性降低和生态灾害频发等生态问题，其产生均与自然生态破坏及生态失衡密切相关。辽宁省海洋与渔业厅认识到强化辽东湾的生态环境管理和生态保护已迫在眉睫。为此，2010 年辽宁省海洋与渔业厅在国内首次开展本省辖区内海洋生态功能区划，目的是从维护和发挥自然生态系统对人类社会经济发展支撑能力的角度，来协调生态环境保护和开发利用两者的关系，为区域海洋生态保护和生态建设、优化区域开发与产业布局提供一个地理空间上的框架，以推动生态环境保护与经济社会发展的协调健康发展。因此，海洋生态功能区划有别于海洋功能区划，是一种在保护中进行海洋开发的管理措施。

邵秘华等（2012）对辽东湾不同海区海洋生态环境相似性、海洋生态环境敏感性和海洋生态服务功能等诸多方式进行深入的分析研究，并遵循海洋生态功能分区的依据和方法，将辽东湾生态区分为 4 个生态亚区（二级生态区）、10 个生态功能区（三级生态区）以及 28 个生态功能小区（表 1-4～表 1-6、图 1-15）。

表 1-4 辽东湾海洋生态功能分区

生态区级别	功能区编号及名称
生态区	辽东湾生态区
生态亚区	1 辽东湾西部海岸带及其毗邻海域生态亚区
生态功能区	1-1 辽西南部农林产品、景观和养殖水产品提供生态功能区
	1-2 辽西中部城镇带建设、景观和养殖水产品提供生态功能区
	1-3 锦州湾城市建设、景观和养殖水产品提供生态功能区
生态亚区	2 辽东湾北部海岸带及其毗邻海域生态亚区
生态功能区	2-1 小凌河口湿地生物多样性维护、养殖水产品提供、产卵场生态功能区
	2-2 双台子河口湿地生物多样性维护、防潮泄洪、产卵场生态功能区
	2-3 辽河口城市建设、防潮泄洪、产卵场生态功能区
生态亚区	3 辽东湾东部海岸带及其毗邻海域生态亚区
生态功能区	3-1 大清河口—长兴岛农林产品、景观和养殖水产品提供生态功能区
	3-2 普兰店湾盐产品和养殖水产品提供、产卵生态功能区
	3-3 大连市区渤海岸段城镇建设、景观提供、珍稀物种保护生态功能区
生态亚区	4 辽东湾中部海域生态亚区
生态功能区	4-1 辽东湾中部捕捞水产品提供生态功能区

表 1-5 辽东湾海洋生态功能区的类型及其分布

功能大类	功能类型	功能区编号	所在的三级生态功能区
生态调节	产卵场	2-1	小凌河口湿地生物多样性维护、养殖水产品、产卵场生态功能区（近岸海域）
		2-2	双台子河口湿地生物多样性维护、养殖水产品、产卵场生态功能区（近岸海域）
		2-3	辽河口城市建设、泄洪防潮、产卵场生态功能区（近岸海域）
		3-2	普兰店湾盐产品、养殖水产品、产卵场生态功能区（近岸海域）
	湿地生物多样性维护	2-1	小凌河口湿地生物多样性维护、养殖水产品、产卵场生态功能区（临岸海域）
		2-2	双台子河口湿地生物多样性维护、养殖水产品、产卵场生态功能区（临岸海域）
	泄洪防潮	2-2	双台子河口湿地生物多样性维护、养殖水产品、产卵场生态功能区（河口区）
		2-3	辽河口城市建设、泄洪防潮、产卵场生态功能区（河口区）
产品提供	农林产品	1-1	辽西南部农林产品、景观、养殖水产品生态功能区（临海陆域）
	盐产品	3-2	普兰店湾盐产品、养殖水产品、产卵场生态功能区（潮间带和临海带、陆域）
	捕捞水产品	4-1	辽东湾中部海域捕捞水产品生态功能区
	养殖水产品	1-1	辽西南部农林产品、景观、养殖水产品生态功能区（近岸陆域）

续表

功能大类	功能类型	功能区编号	所在的三级生态功能区
产品提供	养殖水产品	1-2	辽西中部城镇带建设、养殖水产品、产卵场生态功能区（近岸海域）
		1-3	锦州湾城市建设、养殖水产品、产卵场生态功能区（近岸海域、潮间带）
		2-1	小凌河口湿地生物多样性维护、养殖水产品、产卵场生态功能区（潮间带）
		3-1	大清河口—长兴岛农林产品、景观、养殖水产品生态功能区（潮间带）
		3-2	普兰店湾盐产品、养殖水产品、产卵场生态功能区（潮间带）
	景观	1-1	辽西南部农林产品、景观、养殖水产品生态功能区（海岸）
		1-2	辽西中部城镇带建设、养殖水产品、产卵场生态功能区（海岸）
		1-3	锦州湾城市建设、景观生态功能区（海岸）
		3-1	大清河口—长兴岛农林产品、景观、养殖水产品生态功能区（海岸）
		3-3	大连渤海岸段城镇带建设、景观、珍稀物种保护生态功能区（海岸）
人居保障	城市建设	1-3	锦州湾城市建设、养殖水产品、产卵场生态功能区（临海陆域）
		2-3	辽河口城市建设、泄洪防潮、产卵场生态功能区（临海陆域）
	城镇带建设	1-2	辽西中部城镇带建设、养殖水产品、产卵场生态功能区（临海陆域）
		3-3	大连市区渤海岸段城镇带建设、景观、珍稀物种保护生态功能区（临海陆域）

表 1-6 辽东湾重要生态功能保护区

序号	重要海洋生态功能保护区类型及名称	地域范围
1	辽东湾北部河口海域产卵场重要生态功能保护区	小凌河口—大凌河口—双台子河口—辽河口—大清河口的近岸海域
2	普兰店湾海域产卵场重要生态功能保护区	长兴岛—普兰店海域
3	辽河三角洲湿地生物多样性维护重要生态功能保护区	小凌河口—大凌河口—双台子河口
4	大连斑海豹自然保护区	旅顺—长兴岛—瓦房店近岸海域
5	辽宁蛇岛—老铁山自然保护区	蛇岛和老铁山
6	双台子河口泄洪防潮重要生态功能保护区	双台子河口区
7	辽河口泄洪防潮重要生态功能保护区	辽河口区
8	大凌河口泄洪防潮重要生态功能保护区	大凌河口区
9	辽东湾中部捕捞水产品提供重要生态功能保护区	辽东湾中部渔场
10	辽河口城市建设重要生态功能保护区	营口市区辽河口岸段
11	环锦州湾城市建设重要生态功能保护区	葫芦岛市和锦州市区锦州湾岸段
12	金普城镇带建设重要生态功能保护区	大连区金州区普兰店沿海岸段
13	辽西中部城镇带建设重要生态功能保护区	兴城—葫芦岛的沿海

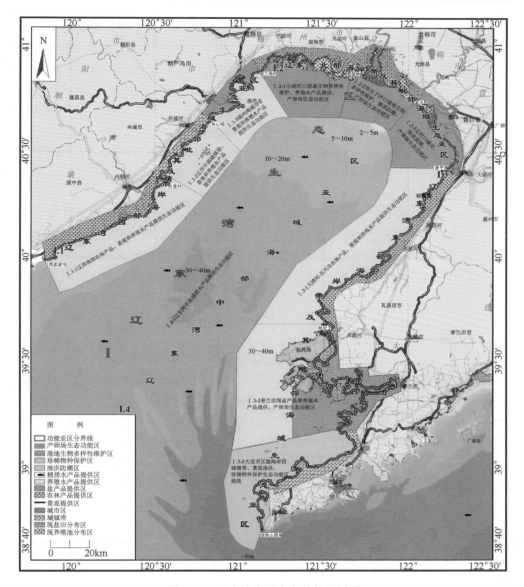

图 1-15 辽东湾海洋生态功能区划图

表 1-6 中所列 13 个生态功能区是辽东湾海洋生态管理的重点，这些海域生态状况的好坏，对于辽东湾生态安全，甚至更大范围的生态安全，以及生态服务功能的发挥具有重要意义和关键作用。

6. 为辽东湾海洋环境管理提供技术支撑的专项研究

随着辽东湾海洋污染的日益严重，海洋环境问题日趋清晰，一些高校和科研单位的专家学者纷纷开展了大量的相关专项研究。其中，能为辽东湾海洋行政管理部门制定科学、合理、具有可操作性的污染物入海排放制度提供科学依据和技术支撑的海洋环境容量及入海污染物总量控制研究，是众多研究中的优先领域。

2011 年《辽宁省海洋功能区划（2011—2020 年）》的颁布实施为该领域的研究提供了坚实的基础。它不仅划定了辽东湾的各类海洋功能区，还划定了每个功能区的范围和面积，并明确了每个功能区的环境保护目标。

与此同时，近年来国内外有关海洋环境容量和污染物总量控制研究的技术和方法也逐步完善，这就为该领域的研究日趋成熟、成果日益符合管理部门业务化需求提供了可能。

作为辽东湾海洋环境监督管理的主管部门，辽宁省海洋与渔业厅适时筹划并组织开展辽东湾近岸海域环境容量及入海污染物总量控制研究工作，于 2012 年启动了"辽东湾及毗邻区入海污染物总量控制研究"项目。该项目分为六个子项目：

（1）"辽东湾海域污染物总量控制研究"，研究海域为普兰店湾、复州湾、白沙湾、连山湾；

（2）"辽东湾鲅鱼圈海域污染物总量减排与跟踪监测"，研究海域为仙人岛海域、鲅鱼圈海域；

（3）"辽宁南部金州湾污染物总量控制研究"，研究海域为金州湾；

（4）"辽东湾北部河口海域污染物总量控制管理信息系统"，研究海域为大辽河口、双台子河口、大凌河口和小凌河口海域；

（5）"辽宁省西部海湾污染物总量控制管理信息系统"，研究海域为锦州湾；

（6）"辽南重点海湾污染物总量控制研究"，研究海域为羊头湾、营城子湾。

该研究项目采取"反演推算法"计算各功能区块的环境容量及入海污染物的排放总量控制的正负量值，并以此为依据制订各功能区块总量控制方案。

2 海洋环境容量研究与计算方法

2.1 概　　述

2.1.1 基本概念

环境容量是环境科学的一个基本理论问题，也是环境管理中的一个重要的实际应用问题。环境容量反映污染物在环境中的迁移转化和积存规律，也反映在特定功能条件下环境对污染物的承受能力。在实践中，环境容量是环境目标管理的基本依据，是环境规划的主要环境约束条件，也是污染物总量控制的关键技术支持。开展环境容量研究，不仅可以揭示自然环境的内在属性，而且对于制定污染物的环境质量标准、产业合理布局以及环境质量影响评价和环境规划等均具有重要的意义。尤其是在污染物排放总量控制的大背景下，作为环境容量最重要的组成部分和水环境污染总量控制的理论基础，水环境容量的研究已成为人们关注的焦点和热点问题。

通常将水环境容量定义为"水体环境在规定的环境目标下所能容纳的污染物量"。环境目标、水体环境特性、污染物特性是影响水环境容量的三个主要因素。水环境容量的大小不仅取决于自然环境条件，以及水体自身的物理、化学和生物学方面的特征，而且还与水质要求和污染物的排放方式有密切关系。它是以环境目标和水体稀释自净规律为依据的。以环境基准值作为环境目标的环境容量乃是自然环境容量；以环境标准值作为环境目标的环境容量是管理环境容量。当前水环境容量研究的主要对象是管理环境容量。它不仅和自然因素有关，而且考虑了各种社会和经济因素。

环境容量的概念最早是由比利时数学家、生物学家 P. E. Forest 提出的。1968年，日本学者首先采用这个概念来控制污染物排放总量。至今环境容量在环境保护工作中已被广泛应用，特别是应用于区域污染物总量控制和区域环境规划。欧美国家学者较少使用这一术语，而是用"同化容量""最大容许纳污量"和"水体容许纳污水平"等用语，但其内涵是一致的（Halpem et al.，2012）。

容量是一定空间容纳某种物质的能力。环境容量是指某一环境区域内对人类活动影响的最大容纳量。就环境污染而言，污染物存在的数量超过最大容纳量，这一环境的生态平衡和正常功能就会遭到破坏。对海洋而言，海域对外界侵入污染物具有某种能使之无害的净化能力。但海域的这种净化能力是有一定限度的，污染物侵入在一定的限度内，这种功能可以得到正常发挥，并能被人们循环永续利用；但超过一定的限度后，即污染物存在的数量超过最大容纳量，这一海洋环境的生态平衡和正常功能就会遭到破坏。

有鉴于此，笔者认为海洋环境容量广义定义为"为维持某一海域的特定生态环境功能所要求的海水质量标准，在一定时间内所允许的环境污染物最大入海量"，即表征是它与海水的自净能力有关，是自净能力综合表现的定量描述；狭义定义为"在锁定的时空内，有效可交换水体（潮流增量）的同化能力，使锁定的功能区块水体，在规定环境目标下所能容纳污染物的量"。海洋环境容量的大小主要取决于以下两个因素：一是海域本身具备的条件，如海域环境空间的大小、位置、潮流、自净能力等自然条件及生物的种群特征、污染物的理化特性等，客观条件的差异决定了不同地带的海域对污染物有不同的净化能力；二是人们对特定海域环境功能的规定，如确定某一区域的环境质量应该达到何种标准。

2.1.2　国内外环境容量研究进展

1. 国外进展简况

在国外研究中，多以水质管理和水环境承载力的方式来表示，但相关理论与方法与我们提出的水环境容量基本相同。最初此概念的出现是在 20 世纪 60 年代末，日本为改善水和大气环境质量状况，提出污染物排放总量控制问题，并在日本环境厅委托日本卫生工学小组提出的《1975 年环境容量计量化调查研究》报告中应用，渐渐成为污染物总量控制的理论基础。此后日本学者西村肇在 1977 年提出了环境容量的定义，即污染物允许排放总量与环境中污染物浓度的比值（Costanza，2012）。后来日本学者又提出环境容量是污染物允许排放总量与该污染物在环境中降解速率的比值。而到了 20 世纪 80 年代，日本学者矢野熊幸提出，环境容量是按环境质量标准确定的一定范围内的环境所能承纳的最大污染物负荷总量（Watanabe and Zhu，2000）。

欧美国家的学者将水环境容量理论作为环境标准的经济技术可行性理论依据（Baretta et al.，1995）。20 世纪 70～80 年代美国《国家环境政策法》中把"最广泛地合理使用环境而不使其恶化"作为制定环境标准的原则之一。苏联主要依据满足生态和健康能够承受的污染物最高允许浓度直接作为水质标准，其中也广泛使用"容量"这一概念。而水环境容量计算模式在理论上，从最初的质量平衡原理发展到现在的随机理论、灰色理论和模糊理论；在实际应用上，从一般河流水体到潮汐河网、湖泊（水库）和海湾等水体；在计算方法上，也从解析公式算法、模型试算法发展到系统最优化分析方法。欧美国家一般将同化容量（最大允许纳污量）的计算和负荷分配在同一过程中进行，采用随机理论和系统优化相结合方法研究（Duka et al.，1996）。例如，Ellis（2015）采用嵌入式概率约束条件的方式构建了一个新的随机优化模型，在这个模型中河流的流量、起始断面的

BOD 和 DO、废水排放量、废水中 BOD 和 DO、耗氧系数、富养系数等也作为随机变量；Burn 和 McBean（1987）用一阶不确定性分析方法将水质随机变量转化为等价确定性变量以计算排污量。

进入 21 世纪以来，环境容量的概念逐步被海洋学者接受，初期 10 年间利用水产养殖学、生态学、环境科学的理论和方法，探索养殖、生态、环境三者之间关系，评估了不同养殖类型的养殖容量。2010 年以来，以人类活动、海洋资源、生态环境等综合分析基础上展开研究，侧重于污染源汇响应关系，结合海洋环境的交换和纳污能力水平，以污染物总量控制为主的专题研究备受关注。

2. 国内进展简况

我国对环境容量的研究始于 20 世纪 70 年代末，80 年代主要结合环境质量评价等项目进行研究，主要集中在水污染自净规律、水质模型、水质排放标准制定等方法上，从不同角度提出和应用了水环境容量的概念。国家"六五"科技攻关计划期间，一部分高校和科研机构进行联合攻关，把水体环境容量同水污染控制结合，对污染物在水体中的物理、化学变化行为作了深入探讨。"七五"和"八五"科技攻关计划期间，开始对海洋的水环境容量进行系统分析，国家环保科技的一系列攻关性研究把水环境容量理论推向系统化、应用化的新阶段。例如，国家环境保护局"七五"项目"渤海和十个海湾水质预测及物理自净能力研究"。"九五"科技攻关计划期间国家海洋局开展了大连湾、胶州湾和长江口环境容量研究。21 世纪以来国内在推进经济发展的过程中，把合理规划海域功能的使用作为解决排污控制的核心。这个阶段，在理论上加强了对海洋环境保护和污染监测的不断深入思考；在应用上，注重对海域合理规划和利用，要求达到控制污染物排放和环境保护的目的。

目前，国内环境容量的理论研究工作处于由定性描述向定量计算发展的阶段。例如，通过水动力输运研究自净能力（康兴伦等，1990；贾振邦等，1996；陈春华，1997）；应用模拟试验方法研究化学自净过程（郑庆华等，1995）；通过围隔实验研究悬浮物吸附和生物自净过程（Wang et al.，2002）；根据环境治理目标浓度与海水本底浓度之差计算静态环境容量（贾振邦等，1996）。但是，综合考虑物理、化学、生物过程研究中国近海环境容量的甚少。

近年来，国内一些学者相继开展了海洋环境容量的研究。自 20 世纪 90 年代以来，不少学者对渤海或渤海某一海湾进行了环境容量相关的计算工作：基于水质模型计算了莱州湾西南部海域的 COD、无机氮和活性磷酸盐、石油类等污染物的"环境容量"，实际上为相应流域的分配容量（姜太良等，1991；Zheng et al.，2012）；王修林和李克强（2006）基于箱式数值模型采用"标准自净容量法"，基于自净过程计算了渤海无机氮、活性磷酸盐和石油烃的环境容量；刘浩等（2011）、刘浩和尹宝树（2006）、Chen 等（2010a）利用普林斯顿海洋模型（princeton ocean model，POM），对污染物生物地球化学过程采用衰减系数法处理、水动力过程采用水动力交换法处理计算得到辽东湾 COD、氮和磷污染物的"保有容量"，实际为现状排放条件下的污染物残留量而非环境容量；乔璐璐等（2008）基于箱式数值模型计算了渤海活性磷酸盐、石油类、无机氮的环境容量；唐俊逸等（2016）在三维水动力模型模拟潮汐的基础上，计算（水交换量与国家水质标准之积）了渤海湾 COD、无机氮及活性磷酸盐的"环境容量范围"，实际高估了其环境容量，不满足环境容量实用定义，其结果也非目标海域环境容量；关道明（2011）基于三维水动力—生物地球化学过程耦合数值模型计算了渤海莱州湾和锦州湾的"环境容量"，实际为相应流域分配容量。此外，张银英等（1995）研究了珠江口油类的自净规律，发现油类降解最为迅速，并估计了油类的自净系数；陈慈美等（1993）研究了厦门西海域磷的环境容量；沈明球和房建孟（1996）计算了石浦港重金属、油类的环境容量，并预测了三门港开发中的下洋涂围涂、岳井洋堵港两大工程对石浦港容量的影响；张存智等（1998）则基于质量守恒原理和线性叠加原理，导出了纳污海域对污染源的响应关系，建立了海域污染总量控制的计算模式，计算了大连湾的容许入海负荷总量，各排污口的污染分担率和削减率。

　　然而尽管环境容量的研究在我国已取得一些成绩，但是，目前对环境容量的认识和理解尚不一致。主要表现为：①环境容量就是环境质量标准与环境单元内总体积的乘积；②环境容量等于环境质量标准与本底的差值乘以环境单元总体积；③把环境容量看成是最大允许排污总量的增量与控制浓度的增量的比值；④环境容量定义为环境自净能力的度量，它是自净系数与总体积的乘积；⑤环境容量就是指环境介质容量容纳各种污染物质的多少；⑥环境容量就是一源地释放某种有害物质于环境中，由于环境作用而不造成环境危害的最大允许释放频率；⑦环境容量是指某环境单元所允许承纳的污染物质的最大数量。

　　与此同时，环境容量的计算理论层出不穷，出现了多目标综合评价模型、潮汐河网地区多组分水质模型，非点源模型、富营养化生态模型、大规模系统优化模型等。一些学者提出了段首控制、段尾控制和功能区末端控制三种计算方法（周孝德等，1999；Chen et al.，2010b；Su and Dong，1999；Sun and Tao，2006）；还有人提出了环境容量计算中的不均匀系数问题（孙卫红等，2001）。这些理论促进了我国水环境容量的研究在深度和广度上更新的进发。

2.1.3　海洋标准环境容量、现状环境容量与剩余环境容量

1. 海洋标准环境容量

　　海洋标准环境容量是在维持特定海洋学和生态功能所要求的国家海水质量标准条件下，一定时间范围内，目标海域海水所能容纳某一污染物的最大数量，也

是一定意义上的环境容量限定值。因此，限定值的确定主要是依据当前的海洋功能区划，规定各种海洋功能区划的属性的环境执行标准，作为海洋标准环境容量的基准，所得到的环境所容纳的污染物的量，即为海洋标准环境容量，也称"环境管理容量"。

2. 海洋现状环境容量

海洋现状环境容量也就是一定时间内的海洋环境背景值。环境背景值一般采用环境质量的现状，即污染物的背景浓度。背景值选取方法不统一，大多是以受污染物排放影响较小的、远离排污口的外部海域的现状浓度作为"背景浓度"，有的以整个研究海域现状监测出现的最高值作为"背景浓度"，也有的取整个海域的平均值作为"背景浓度"。

有学者认为，在实际海洋环境中，由于水文、气象等要素往往具有一定的天、周、月、季乃至年的变化规律，由此一般形成具有一定时间波动性的污染物浓度分布场，进而难以保证时间常数的污染物浓度分布场。笔者认为，海洋现状环境容量应考虑海水的潮汐变化特征，海水的污染物浓度值是随时间潮汐变化的函数关系，不能简单取 12 h 的平均值，更不能取最高值和整个海域的平均值，或最高值与最低值的平均值。

因此，我们考虑有效浓度值的概念，相应浓度值随时间（一个潮周期内）的变化基本上呈正弦函数曲线关系，取有效值作为污染物浓度值进行计算。

3. 海洋剩余环境容量

在一定污染物排放入海总量条件下，由于各种物理、化学和生物迁移-转化过程共同作用的结果，目标海水中污染物浓度维持特定时空分布状态，其中水质标准控制点处污染物平均浓度一般介于两个等级国家海水水质标准之间，只有在极端情况下才超过最低等级。

于是，目标海域海水可再容纳一定"额外"数量的污染物才能使水质标准控制点处平均浓度增加到较低等级国家海水水质标准，只有在实际平均浓度超过最低等级水质标准时才完全不能容纳"额外"数量，而自目标海域海水去除一定数量的污染物则可降到较高等级。

因此，人们为达到特定海洋功能区所要求的管理最低执行海水水质标准，一定时间范围内，需要目标海域海水再容纳"额外"或自目标海域海水去除的污染物数量定义为剩余环境容量（surplus environmental capacity，SEC）。

鉴于上述，相对一定等级国家海水水质标准，所需要"额外"再容纳或去除的污染物数量不仅与相应海洋标准环境容量有关，而且与海洋现状环境容量有关，剩余环境容量在数值上等于标准环境容量和现状环境容量之差。

2.2　基础模型构建

2.2.1　流场模型

1. 三维斜压原始方程的特征

目前国内外广泛使用 POM（George and Mellor，2002），它是一个三维斜压原始方程模式，具有如下主要特征：

（1）垂向混合系数由二阶湍流闭合模型确定，在一定程度上摆脱了人为因素的干扰。垂直方向采用 Sigma 坐标。

（2）水平网格采用的是曲线正交坐标系统。水平有限差分格式是交错的，即"Arakawa C"型差分方案。水平时间差分是显式的，而垂向时间差分是隐式的，后者允许模式在海洋表层和底层可以有很高的垂向分辨率。

（3）此模式具有自由表面，采用时间分裂算法。模式的外部模（正压模）方程是二维的，基于 CPL（circular-polarizing filter）条件和重力外波波速，时间积分步长较短；内部模（斜压模）方程是三维的，基于 CFL（courant-friedrichs-lewy）条件和内波波速，时间步长较长。

（4）模式包含完整的热力学过程，采用静力近似和 Boussinesq 近似。

地表水的模拟十分复杂，还处于不断发展中。如今，成功的模拟研究，特别是三维（3D）非定常流模拟，仍然主要依赖于制作者的经验。在模拟河流、湖泊、河口和沿海等问题方面，学术界至今还没有达成一致的最佳方法。

模型在提高水动力、泥沙输运、水质和水资源的优化管理水平方面发挥了举足轻重的作用。因为模型要求有尽量精确和可靠的实地观测数据，所以模型最终也促进了现场数据的收集水平，并有助于辨别描述水体特征的数据缺陷。

2. 模型数值方法

在过去的数十年里，水动力和水质模型已经获得长足发展，从简单一维、稳态流模型，如经典的 QUAL2E 模型（Barnwell and Brown，2004）发展到复杂的三维、非恒定流模型，耦合了水动力、悬浮物、有毒物质和富营养化等过程。如今，三维模型已趋于成熟，正逐步从课题研究阶段转移到工程应用阶段（徐士良，1996）。模型数值方法包括有限差分、有限元和有限体积三种。

1）有限差分方法

有限差分方法（finite differential method）是计算机数值模拟最早采用的方法，至今仍被广泛运用。该方法将求解域划分为差分网格，用有限个网格节点代替连续的求解域。有限差分法以泰勒级数展开等方法，把控制方程中的导数用网格节点上的函数值的差商代替进行离散，从而建立以网格节点上的值为未知数的代数方程组。该方法是一种直接将微分问题变为代数问题的近似数值解法，数学概念直观，表达简单，是发展较早且比较成熟的数值方法。

对于有限差分格式，从格式的精度来划分，有一阶格式、二阶格式和高阶格式。从差分的空间形式来考虑，可分为中心格式和逆风格式。考虑时间因子的影响，差分格式还可以分为显格式、隐格式、显隐交替格式等。目前常见的差分格式，主要是上述几种形式的组合，不同的组合构成不同的差分格式。差分方法主要适用于有结构网格，网格的步长一般根据实际地形的情况和柯朗稳定条件来决定。

2）有限元法

有限元法（finite element method）的基础是变分原理和加权余量法，其基本求解思想是把计算域划分为有限个互不重叠的单元，在每个单元内，选择一些合适的节点作为求解函数的插值点，将微分方程中的变量改写成由各变量或其导数的节点值与所选用的插值函数组成的线性表达式，借助于变分原理或加权余量法，将微分方程离散求解。采用不同的权函数和插值函数形式，便构成不同的有限元方法。有限元方法最早应用于结构力学，后来随着计算机的发展慢慢用于流体力学的数值模拟。在有限元方法中，把计算域离散剖分为有限个互不重叠且相互连接的单元，在每个单元内选择基函数，用单元基函数的线形组合来逼近单元中的真解，整个计算域上总体的基函数可以看为由每个单元基函数组成的，则整个计算域内的解可以看作由所有单元上的近似解构成。

根据所采用的权函数和插值函数的不同，有限元方法也分为多种计算格式。从权函数的选择来说，有配置法、矩量法、最小二乘法和 Galerkin 法。从计算单元网格的形状来划分，有三角形网格、四边形网格和多边形网格，从插值函数的精度来划分，又分为线性插值函数和高次插值函数等。不同的组合同样构成不同的有限元计算格式。

3）有限体积法

有限体积法（finite volume method）又称为控制体积法。其基本思路是将计算区域划分为一系列不重复的控制体积，并使每个网格点周围有一个控制体积；将待解的微分方程对每一个控制体积积分，便得出一组离散方程。其中的未知数是网格点上的因变量的数值。为了求出控制体积的积分，必须假定值在网格点之间的变化规律，即假设值的分段的分布剖面。从积分区域的选取方法看来，有限体积法属于加权剩余法中的子区域法；从未知解的近似方法看来，有限体积法属于采用局部近似的离散方法。简言之，子区域法属于有限体积法的基本方法。

有限体积法的基本思路易于理解，并能得出直接的物理解释。离散方程的物理意义就是因变量在有限大小的控制体积中的守恒原理，如同微分方程表示因变量在无限小的控制体积中的守恒原理一样。有限体积法得出的离散方程，要求因变量的积分守恒对任意一组控制体积都得到满足，对整个计算区域，自然也得到满足。

3. 模型计算中的网格形式

依据计算机技术数值计算的应用发展，在数值计算上，又分为结构化网格和非结构化网格。

1）结构化网格

从严格意义上讲，结构化网格是指网格区域内所有的内部点都具有相同的毗邻单元。它可以很容易地实现区域的边界拟合，适于流体和表面应力集中等方面的计算。

它的主要优点是网格生成的速度快且质量好；数据结构简单；对曲面或空间的拟合大多数采用参数化或样条插值的方法得到，区域光滑；与实际的模型更容易接近。

它的最典型的缺点是适用的范围比较窄，只适用于形状规则的图形。

2）非结构化网格

同结构化网格的定义相对应，非结构化网格是指网格区域内的内部点不具有相同的毗邻单元，即与网格剖分区域内的不同内点相连的网格数目不同。从定义上可以看出，结构化网格和非结构化网格有相互重叠的部分，即非结构化网格中可能会包含结构化网格的部分。

对同一个几何造型，如果既可以生成结构化网格，也可以生成非结构化网格，当然前者要比后者的生成复杂得多，两者的区别在于：①一般来说，结构化网格的计算结果比非结构化网格更容易收敛，也更准确。但后者容易做。②影响精度主要是网格质量，和使用哪种网格形式关系并不是很大，如果结构化网格的质量很差，结果同样不可靠，相对而言，结构化网格更有利于计算机存储数据和加快计算速度。③结构化网格据说计算速度快一些，但是网格划分需要技巧和耐心。非结构化网格容易生成，但相对来说速度要差一些。

虽然输入输出的格式不尽相同，然而大多数模型都基于相似的理论和数值格式。例如，河口、陆架和海洋模型（estuarine, coastal and ocean model，ECOM）和环境流体动力学代码（environmental fluid dynamics code，EFDC）模型都与POM 相似。POM、ECOM、EFDC 模型和 CH3D（Sheng，1986）都在垂向上采用 sigma 坐标，水平方向上采用正交曲线网格。水质模型（water quality analysis simulation program model，WASP）和 EFDC 模型的富营养化理论与 RCA 模型（HydroQual，2004）相似。切萨皮克湾（Chesapeake Bay）的泥沙模型（Di Toro and Fotzpatrick，1993）和它的修正版已经成为富营养化模拟中"标准"的泥沙成岩模型。

尽管上述模型的基本理论在很大程度上是一致的，为特定的应用选择所谓的

"最佳"模型却是一个备受争议的问题。值得注意的是，模型本身很难说对或错，模型会引导使用者得出恰当或者不恰当的结论。因此，如何使用和理解模型结果与模型结果本身一样重要。从这个观点出发，模型与其他工程工具类似，它们可以被有效利用，也可能被滥用，使用者的经验是关键。这就是数值模拟被称为"艺术"的原因之一。

按照辽宁渤海近岸海域污染物环境容量研究的实际情况，辽东湾可分为 3 个海区的地质地貌，可大致分为基岩岸、淤泥岸、砂砾岸 3 大类型。近年来辽宁省海岸经济带的开发，使原有的岸线地貌特征改变，自然平直岸线转化成人工突提式岸线，破坏了原有地质地貌，使潮间带面积缩小，构成了现代海洋岸线的新特征。

鉴于上述情况，结合海岸带的海水岸线特征，本书采用了结构型有限差分法，满足在该海域环境容量负荷量计算，并在此基础上，研发了基于 Visual Baisc 6.0 程序语言的计算软件。

4. 辽东湾流场计算模型

各计算海域均为近岸浅水区，海水垂向混合充分，采用深度平均、二维流体动力学方程：

$$\frac{\partial \zeta}{\partial t} + \frac{\partial(HU)}{\partial x} + \frac{\partial(HV)}{\partial y} = 0 \tag{2-1}$$

$$\frac{\partial U}{\partial t} + U\frac{\partial U}{\partial x} + V\frac{\partial U}{\partial y} - fV + g\frac{\partial \zeta}{\partial x} + g\frac{U\sqrt{U^2+V^2}}{HC^2} = 0 \tag{2-2}$$

$$\frac{\partial V}{\partial t} + U\frac{\partial V}{\partial x} + V\frac{\partial V}{\partial y} + fU + g\frac{\partial \zeta}{\partial y} + gV\frac{\sqrt{U^2+V^2}}{HC^2} = 0 \tag{2-3}$$

式中，ζ——平均海平面以上的瞬时水位高度（m）；

H——水深（m）；

h——海图上水深（m）；

U、V——垂直平均流速在 x，y 轴上的分量（m/s）；

g——重力加速度（m/s²）；

f——科氏参数，$f = 2\omega\sin\varphi$，ω 为地转角速度，φ 为地理纬度；

C——谢才系数，$C = \frac{1}{n}H^{\frac{1}{6}}$，$n$ 为曼宁系数（0.025～0.035）；

t——时间。

x，y 平面取在未扰动的平均海平面上，z 轴垂直向上，构成右手坐标系（图 2-1）。

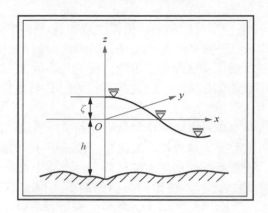

图 2-1　计算坐标系

方程（2-1）～方程（2-3）的初始条件从静止水状态开始，$U=V=\zeta=0$。边界条件分两类：沿岸闭边界，取法向流速等于零（$V_n=0$）；开边界各点水位为时间的已知函数，即 $\zeta=\zeta(t)$。

1）差分方程

为了便于使用中心差分公式，采用显隐方向交替（ADI 法）计算网格（图 2-2），将方程（2-1）～方程（2-3）离散成相应的差分方程。

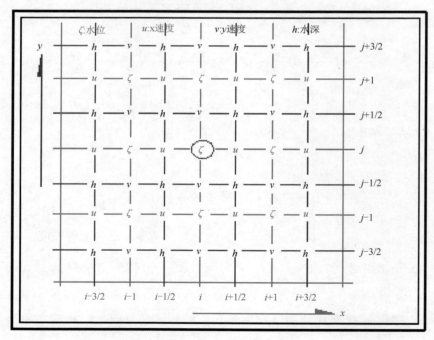

图 2-2　差分网格图

在 $n\Delta t \rightarrow (n+\frac{1}{2})\Delta t$ 时间半步长上，将方程（2-1）、方程（2-2）按行进行隐式差分格式离散，V 按显示差分格式离散。

对后半时间步长 $(n+\frac{1}{2})\Delta t \rightarrow (n+1)\Delta t$，对方程（2-1）、方程（2-3）按列进行隐式差分格式离散，U 按显示差分格式离散。

对每一计算行或计算列，将连续性方程和运动方程联立，构成一代数方程组 $[A][D]=[B]$，其中向量 $[D]=\begin{bmatrix} \zeta \\ U \end{bmatrix}$ 或 $[D]=\begin{bmatrix} \zeta \\ V \end{bmatrix}$，包括所有要计算的 ζ、U 或 ζ、V 的值。计算时，采用隐式方向交替步骤，即前半时间步长沿 x 方向对 ζ、U 进行隐式计算，对 V 进行显示计算；后半时间步长沿 y 方向对 ζ、V 进行隐式计算，对 U 进行显示计算。由于按行或列建立的隐式差分方程均为三对角型代数方程组，使用追赶法很容易求解，重复上述求解过程，直至得到稳定的解为止。

2）输入参数

采用正方形网格，空间步长 ΔS 除金州湾海域为 463 m，葫芦山湾海域、羊头湾海域为 308.7 m 外，其余均为 617.4 m，水深值从海图上读取，并订正到平均海平面。闭边界上的水深不小于该海区的大潮差。时间步长 Δt =30 s，科氏参数 $f=2\omega\sin\varphi$，其中 φ 取平均地理纬度。网格计算域分别如下，见图 2-3～图 2-15。

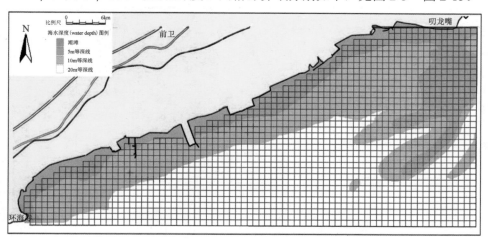

图 2-3　芷锚湾海域计算网格图

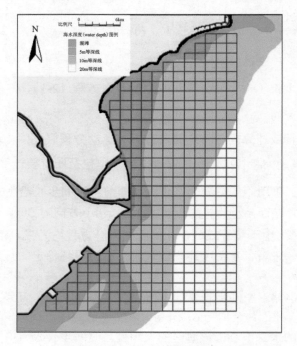

图 2-4　六股河口海域计算网格图

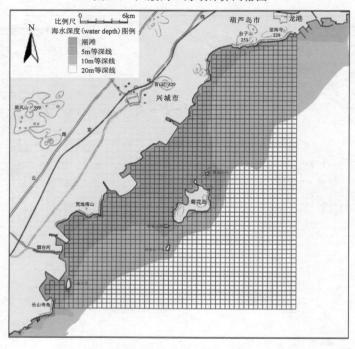

图 2-5　连山湾海域计算网格图

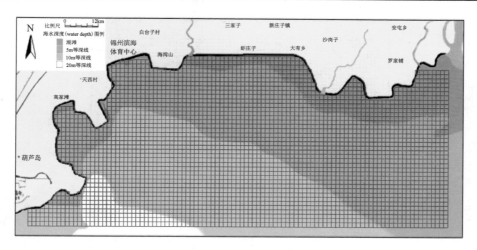

图 2-6   锦州湾海域计算网格图

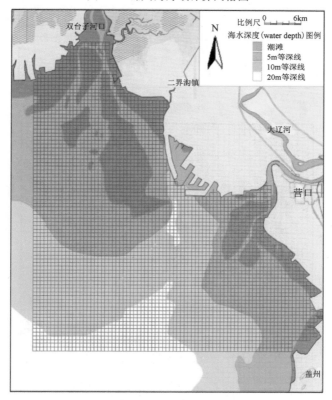

图 2-7   双台子河口海域计算网格图

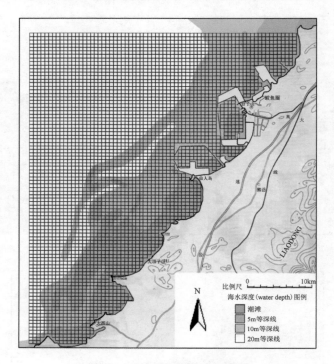

图 2-8　鲅鱼圈海域计算网格图

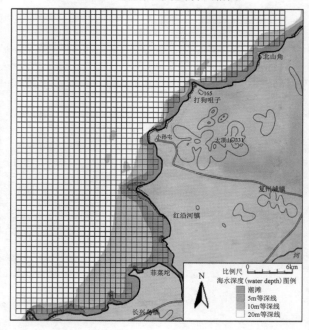

图 2-9　复州湾海域计算网格图

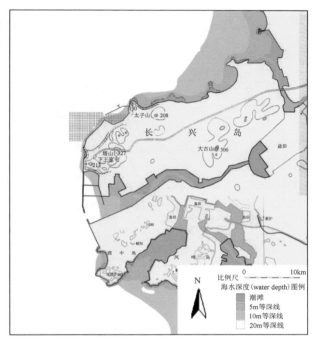

图 2-10 马家咀海域计算网格图

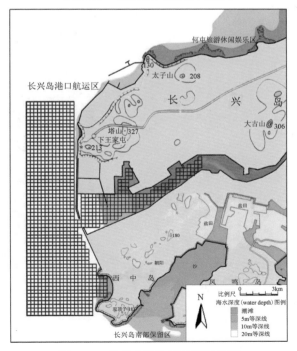

图 2-11 葫芦山湾海域计算网格图

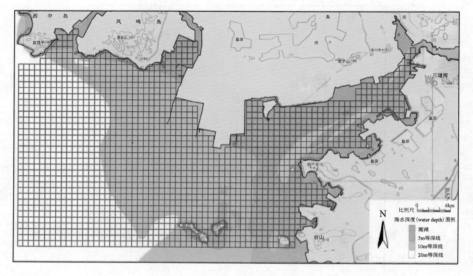

图 2-12 普兰店湾海域计算网格图

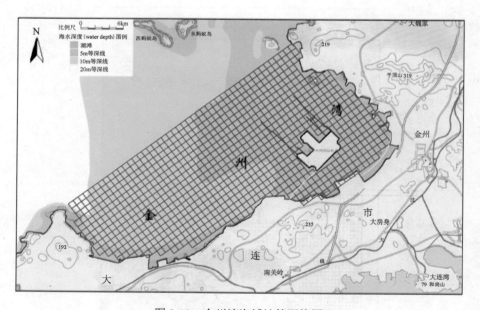

图 2-13 金州湾海域计算网格图

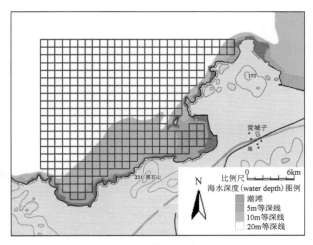

图 2-14　营城子湾海域计算网格图

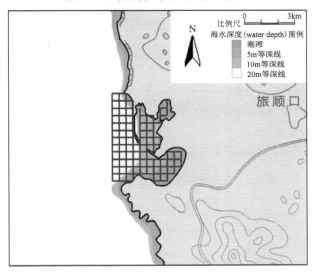

图 2-15　羊头湾海域计算网格图

初始水位和流速，当 $t=0$ 时，$\zeta=0$，$U=V=0$。

开边界控制水位以平均大潮潮高公式表示：

$$\zeta_t = (H_{M_2} + H_{S_2})\cos(\omega t - G_{M_2}) + (H_{K_1} + H_{O_1})\cos(2\omega t - G_{K_1}) \qquad (2\text{-}4)$$

式中，H_{M_2}、H_{S_2} ——M_2、S_2 分潮振幅；

$\qquad H_{K_1}$、H_{O_1} ——K_1、O_1 分潮振幅；

$\qquad G_{M_2}$、G_{K_1} ——M_2、K_1 分潮迟角。

开边界线两端上的各分潮调和常数为已知，中间各点值用内插方法求出。计算周期取 T=12 太阴时。

计算周期视各海域水位、流速达到充分稳定条件确定。

5．流场模型验证

1）潮位验证

潮位验证点的具体位置见表 2-1。

表 2-1　辽东湾总量控制潮位验证点位置

序号	经度（E）	纬度（N）
0101（芷锚湾海域）	119°54′30.03″	40°00′01.20″
0102（六股河口海域）	120°29′00.01″	40°12′17.01″
0103（六股河口海域）	120°30′49.52″	40°19′52.02″
0104（连山湾海域）	120°41′16.01″	40°30′02.13″
0201（锦州湾海域）	120°56′31.67″	40°40′14.98″
0202（锦州湾海域）	121°37′01.00″	40°51′09.56″
0301（双台子河口海域）	121°40′21.03″	40°52′29.89″
0302（双台子河口海域）	122°11′31.01″	40°25′02.38″
0303（葫芦山湾海域）	121°13′00.10″	39°30′58.95″
0304（葫芦山湾海域）	121°18′39.48″	39°28′29.95″

附录Ⅰ是各计算海域的潮位验证图，从中可看出计算值与观测值吻合良好。

2）流速流向验证

流速流向验证点的具体位置见表 2-2。

表 2-2　辽东湾总量控制流速流向验证点位置

序号	经度（E）	纬度（N）
0101（芷锚湾海域）	120°02′40.63″	40°03′23.78″
0102（芷锚湾海域）	120°08′45.51″	40°04′28.64″
0103（六股河口海域）	120°31′51.41″	40°13′07.52″
0104（锦州湾海域）	121°14′46.74″	40°44′08.22″
0201（锦州湾海域）	121°24′20.94″	40°48′24.00″
0202（鲅鱼圈海域）	121°59′05.73″	40°08′39.33″
0301（复州湾海域）	121°27′35.01″	39°47′28.09″
0302（葫芦山湾海域）	121°13′24.01″	39°28′48.02″
0303（普兰店湾海域）	121°42′49.98″	39°21′45.72″
0304（普兰店湾海域）	121°41′34.14″	39°20′29.58″
0305（金州湾海域）	121°27′06.24″	39°05′53.70″

附录Ⅱ是各计算海域的流速流向验证图，图中表明计算值与观测值基本吻合。

2.2.2 水质模型

1. 水质模型研究进展

化学物质在多介质海洋环境中的各类物理、化学和生物迁移-转化过程是既相对独立又相互作用的复杂系统过程。为了对其进行描述，特别是定量描述，学者们自20世纪20年代开始应用数值模型的方法研究化学物质在多介质环境中的迁移-转化系统过程。

数值模型，是指在一定的假设前提下，通过数学方程组，定量地"数值模拟再现"真实系统的过程。

根据模型的基本构架，可将数值模型分为箱式模型、水质扩散模型和迁移-转化过程—水动力输运耦合模型三大类。

箱式模型主要是将目标海域在空间上划分为一个或多个子箱子，并假设箱子内部的海洋学尤其是生态学变量是均匀的，箱子与箱子之间以及箱子与箱子外界通过物质交换来连接。其特点是结构简单、运行简便，在模拟计算中可以直接应用微分方程，具有可以比较细致刻画污染物物理、化学、生物迁移-转化过程，进而模拟主要状态变量时间变化特征的优点，但也具有不能模拟状态变量空间分布特征的缺点。例如，北欧七国建立的欧洲区域性海洋生态模型（European Regional Seas Ecosystem Model，ERSEM）。与箱式模型相反，水质扩散模型弥补了箱式模型的缺点，可以比较细致刻画污染物水动力对流-扩散过程，进而模拟污染物空间分布的优点，但缺点是不能模拟除此之外的污染物的其他过程。因此，污染物迁移-转化过程—水动力输运耦合模型兼具以上两类模型的优点，自20世纪70年代学者们开始对其研究以来，已经逐渐发展成为近年来模型研究的热点。其特点是多维空间性以及多过程耦合性，可以比较细致刻画包括水动力输运在内的污染物物理、化学、生物迁移-转化过程，进而可以模拟污染物时间和空间分布特征（Kim et al.，2004；Kurida et al.，2004；Ronbouts et al.，2013）。

水质模型的发展大概可以归为以下四个阶段：

（1）化学污染物在多介质环境中迁移-转化箱式模型。多介质环境迁移-转化箱式模型可以归结为系统、箱式模型，因此具有二者的特点，能够比较细致地刻画除水动力输运过程之外的其他各种物理、化学、生物过程，从而能够模拟再现各种环境介质，特别是目标海域海水中污染物浓度等主要状态变量的时间变化规律，但却不能模拟再现污染物空间分布的变化。常被用于研究污染物在不同环境介质单元之间的各种迁移过程；浮游植物、浮游动物等生物状态变量与非生物状态变量和环境要素之间的相互关系，其中非生物状态变量主要包括氮、磷、硅等营养盐，而环境要素主要是指海水温度、光照、海面风速等；以及浮游植物、浮游动物等海洋生物自身生长过程（陈长胜，2003）。

（2）污染物水质扩散模型。海水中溶解态和颗粒态物质可以在对流迁移、湍流扩散等水动力作用下自目标海域向外海输运，由此使目标海域水质得以净化。典型的主要有箱式潮交换模型、标识质点跟踪模型、对流-扩散输运模型等。此类模型虽然比较详细地考虑了水动力过程，但也只能描述平流迁移过程，而不能描述湍流扩散过程。

事实上，对流迁移和湍流扩散作用在污染物水动力输运过程中，特别是在河口海湾等近海海洋中起着关键作用。

（3）污染物三维对流-扩散输运模型。污染物三维对流-扩散输运模型则能够比较精确、完备地描述由于对流迁移和湍流扩散等所产生的污染物水动力输运过程，不仅可以细致地刻画水平和垂向分布，而且可以较好地拟合近岸复杂的岸形和地形，从而能够实现物质在实际空间和时间上的动态模拟。对于河口、海湾、近岸海域等具有很强的三维结构的海域空间，一般需三维数值模式才能比较接近实际地模拟物质在实际空间的水平和垂向分布。

目前，应用比较广泛的主要有德国汉堡大学海洋模型（Hamburg shelf ocean model，HAMSOM）、美国普林斯顿大学河口、陆架和海洋模型（ECOM）等。这些三维水动力模型一般是以原始三维雷诺方程为基础，以自由水位、三方向速度分量、温度、盐度、密度、湍动能、湍宏观尺度等作为变量，可以模拟再现在水动力输运过程作用下，目标海域海水中污染物浓度时间分布，特别是空间变化规律。

（4）污染物迁移-转化过程-水动力输运耦合模型。以水动力模型为基础，耦合迁移-转化箱式模型关于主要迁移-转化过程的模拟，可以通过主要迁移-转化过程线性叠加方法构建主要迁移-转化过程－水动力输运耦合模型。耦合模型实现了水动力输运过程与其他主要物理、化学和生物迁移-转化过程之间在时间上的耦合，同时从模型运行空间上讲，实现了目标海域海水介质与相邻外海、河流入海口等界面介质之间在三维空间上的耦合。这样，主要迁移-转化过程－水动力输运耦合模型能够更加细致地刻画包括水动力输运在内的主要迁移-转化过程，从而能够更加合理地模拟再现各种环境介质，特别是目标海域海水中污染物浓度等主要状态变量的时空变化规律。

2. 水质模型选择

选择水质模型的技术要点主要包括：

（1）分析确定河流系统的重要特性。在选择水质数学模型时，首先要针对所研究河流的河流系统，收集和分析有关的水文、水质资料，找出所研究的水质问题产生重要影响的因素和过程。

（2）评价现有的模型功能。近几十年来，国内外已经有大量的水质模型研究成果，了解这些模型的功能是很重要的。在模拟物理过程方面，考虑非恒定流动比考虑恒定流动要复杂得多，这是因为前者必须求解水动力学方程，而后者只需求解连续方程；在模拟生化过程方面，模型的复杂程度与所包括的反应过程，例如，与光合作用、消化作用有关，同时与反应程度的具体数学描述有关。

（3）比较河流系统和模型的重要特性。模型选择的一个重要步骤是比较河流系统和数学模型的重要特性，以助于选择具有反映河流系统特性能力的数学模型。一般的做法是选择包含河流系统中所有重要特性的最简单的模型。选择过于复杂的模型往往是不经济的，因为这种情况对数据信息的要求和计算费用都会迅速增加。

3. 模型参数设定

河流水质模型参数的率定是水环境容量计算的重要步骤之一。水质参数是水质模型的主要组成，更是影响水环境容量的重要因素之一，直接影响到河流水环境容量的大小。河流水质参数由于受水污染特性的影响，污染物在水体中的降解速度，与河流的水文条件，如流量、流速、河宽、水深、泥沙含量等因素相关，也包括水温、水质、污染源分布等因素影响，在不同的水环境状况、不同的水力特征下，不同的河流具有不同的水质参数。即使是同一条河流，在不同的水环境状况下，也会具有不同的参数值，因此对于实际的水质参数确定是一个极其复杂的过程，常结合合理必要的简化处理和近似假设进行。

目前，国内外研究者已提出和发展了许多参数估值的方法。这些方法按同时估值的参数数量分为单一参数估值法和多参数估值法，按实现手段一般可分为有野外测定法、实验室测定法、经验系数和经验公式法等。

本章现以 COD 降解系数 K 值作为单一参数，将常用的几种参数确定方法介绍如下：

1）现场实测法

现场实测法可分为两点实测法和多点实测法，原理相似。对于狭窄稳态河流，根据完全混合系统环境容量计算公式，利用两点实测法通过对所取河段的初始段面与末端段面 COD 浓度进行测定，并测定水流流经该河段的耗时。

2）实验室测定法

该方法是在用标准方法测定 BOD 的基础上发展起来的。实验室实验数据确定 COD 降解系数的基本方法是对所研究的水体取水样 10 份，用标准方法进行 COD 测定，即在 20℃下，分别测定若干天数的 COD。根据方子云和汪达（2001）的研究，在中、小型河流中，污染物 COD 呈线性衰减。

现场观测数据确定的水质参数是一个综合降解系数，它除了反映污染物本身降解特性外，还反映了沉降、悬浮等水流综合效应。所以在很多情况下室内求得的参数小于现场实验求得参数，在同一研究区域可以建立室内实验求得参数和现场求得参数之间的关系。

3）经验系数和经验公式法

目前，这类系数和经验公式很多，它们的优点是计算简便、快速、经济，缺点是对模型的精度有一定影响，针对性略差，因此最好是通过实测数据做出率定。

此外，应用较多的 K 值赋值方法还有最小二乘法、经验法、4 个不同点溶解氧浓度方法、最速下降法等，因工作量大，多在大型研究中应用。

4. 保守物质扩散模型

由功能区划图可看出，计算海域均位于近岸浅水区，水浅垂直混合充分，可采用二维垂直平均扩散方程：

$$S_m = \left[\frac{\partial (HP)}{\partial t} + \frac{\partial (HUP)}{\partial x} + \frac{\partial (HVP)}{\partial y} \right] - \left[\frac{\partial}{\partial x} \left(HK_x \frac{\partial P}{\partial x} \right) + \frac{\partial}{\partial y} \left(HK_y \frac{\partial P}{\partial y} \right) \right] \quad (2\text{-}5)$$

式中，P——扩散物质的深度平均浓度，$P = \frac{1}{H} \int_{-h}^{5} P \mathrm{d}z$；

S_m——污染物源强；

K_x、K_y——扩散系数，由 Elder 公式确定，$K_x = 5.93 HG^{1/2} c^{-1} \left| \overline{U} \right|$，$K_y = 5.93 HG^{1/2} c^{-1} \left| \overline{V} \right|$。

方程边界条件为：$\frac{\partial P}{\partial n} = 0$；在海岸边界上，物流不能穿越边界，即在开边界上，流出时满足边界条件 $\frac{\partial P}{\partial t} + V_n \frac{\partial P}{\partial n} = 0$，流入时，各边界上浓度为已知值 $P^* = P_0(x, y)$。

对方程（2-5）采用和动力方程相同的方法和网格坐标离散成差分方程。其中水质浓度坐标选在水位点处，见图 2-2。

5. 水质控制模型验证

由于缺乏计算海域与污染源排放量相对应的现场观测浓度值，因此，无法验证模型计算浓度与现场实验观测浓度符合程度。为了证明模型计算结果的准确性，本书采用污染物（COD）输入-输出总量平衡的办法，验证模型准确性。

该方法的原理就是污染源在一段时间内排入目标海域的污染物质总量应该和目标海域中所含该物质的总量相等（计算时间段要选在该海域高潮前后 1～2 h 内，而海域的边界和本底浓度均为"0"的条件下进行计算）。

现以金州湾海域模型为例进行验证计算，其结果见表 2-3。

表 2-3　输入-输出总量计算表　　　　　　　　（单位：mg/L）

时间	输入量	海域内总量	差值
3min	0.0333	0.0333	0.0
6min	0.0667	0.0667	0.0
9min	0.1000	0.1000	0.0
12min	0.1333	0.1333	0.0
15min	0.1667	0.1667	0.0
18min	0.2000	0.2000	0.0
21min	0.2333	0.2333	0.0
24min	0.2665	0.2665	0.0
27min	0.3000	0.3000	0.0
30min	0.3352	0.3352	0.0
1h	0.6667	0.6667	0.0
2h	1.3001	1.3001	0.0
2.5h	1.7001	1.7001	0.0
3h	2.0002	1.9654	−0.0357
4h	2.6667	2.5364	−0.1303
5h	3.3336	2.8059	−0.5277
6h	4.0003	2.9739	−1.0264

从表中数据可看出，在 2 h 前由污染源输入目标海域中的物质总量和目标海域中总的物质含量是相等的，2 h 后目标海域中的物质总含量开始减少（相对输入量），且随时间增加二者差值愈加增大（目标海域内含量减小值增大）。

2 h 前二者量值相等，此时间段恰好处在金州湾高潮前后 1～2 h 时间段内，说明湾内高浓度水尚未流出湾外，所以输入-输出总量是相等的。这一结果说明扩散数值模型是守恒的。再将浓度计算结果绘制成等值线分布图与流场分布图进行对比，发现浓度等值线的走向分布趋势与流速分布变化基本一致。上述两点可以证明本书建立的水质数值模型是完全可信的。

2.3　海洋环境容量计算方法

2.3.1　系统网络在海洋环境容量计算中应用

1. 线性系统定义

把海洋视为一个物理系统，它的基本属性如地形、水深等可认为不随时间而变化，则是一种常系数系统。假若系统的输入-输出响应特性是可加的，又是齐次的，则称为线性系统。如有输入 x、输出 $f(x)$，对于任何两个输入 x_1、x_2 和常数 c，有

$$f(x_1 + x_2) = f(x_1) + f(x_2) \tag{2-6}$$

$$f(cx) = cf(x) \qquad\qquad (2\text{-}7)$$

则系统称为"线性系统"。

2. 线性系统叠加原理

在线性系统中，几个输入同时作用时所产生的输出，等于各输入单独作用而其他输入为零时的输出之和，即为叠加原理。

如果输出 y，有 3 个输入 x_1、x_2、x_3，则 $y = f(x_1, x_2, x_3)$，即输出为

$$y = f(x_1, 0, 0) + f(0, x_2, 0) + f(0, 0, x_3)$$

例如，考虑图 2-16（a）的系统，要求出 $x_1 = 3$，$x_2 = -5$，$x_3 = 9$ 时的输出值。首先令 $x_1 = 3$，$x_2 = 0$，$x_3 = 0$，则由图 2-16（a）得 $y = 3$；其次令 $x_1 = 0$，$x_2 = -5$，$x_3 = 0$，由图 2-16（a）得 $y = -5$；最后令 $x_1 = 0$，$x_2 = 0$，$x_3 = 9$，则由图 2-1（a）得 $y = 9$，计算结果绘成图 2-16（b）。

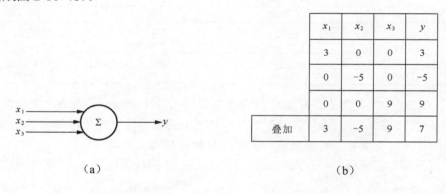

x_1	x_2	x_3	y
3	0	0	3
0	-5	0	-5
0	0	9	9
叠加	3	-5	9	7

（a）　　　　　　　　　　　　　　（b）

图 2-16　源输入与输出关系图

由叠加原理可得 $y = \sum_{i=1}^{3} x_i = 3 + (-5) + 9 = 7$。

3. 线性系统的齐次性

齐次是直线性的一种特殊情况，可表述为：

当输入增大或缩小常数倍时，输出也增大或缩小同样的倍数。若 x 为线性系统的输入，y 为线性系统的输出，则由线性系统可知：

若 $x = ax_1 + bx_2$，则 $y = ay_1 + by_2$。其中，y_1 是 x_1 的输出，y_2 是 x_2 的输出。当 $b = 0$ 时得如下公式：

若 $x = ax_1$，则 $y = ay_1$。

以上即为齐次性表述的性质。上述线性系统的叠加原理和齐次性是后面容量计算的基础。

2.3.2　污染源输入负荷量-输出响应浓度线性系统证明

　　前面章节从数学物理角度出发，论述了线性系统的定义及数学表达式。其目的是要证明，污染源将污染物质通过排放口输入目标海域海水中，并在海水中形成了输出响应浓度场，这是一项系统工程。下面要论证，它是线性系统中的直线性系统。首先要说明的是被广泛使用的物质扩散方程的类型。数学物理方程有三种类型：一是椭圆型；二是抛物型；三是双曲型。有些学者在做污染物在海水中扩散时曾提出过，扩散方程是椭圆型的线性方程，并且大多数学者认为，扩散方程在第一边界条件下是线性的，符合叠加原理，但目前尚未有人从系统工程方面论述其所从事的系统工程是否为线性（特别是直线性）系统工程。在这里我们给出答案是，目前工程环评、环境容量和总量控制等项目计算中所使用的扩散方程是椭圆形线性的数学物理方程。使用它做计算（第一边值条件下）的各项工程皆为线性、齐次系统，特别是本书实施的辽东湾近岸海域环境容量和总量计算是一项直线性系统工程。

　　下面用扩散数值模拟计算结果证明，扩散方程所表达的系统是直线性系统。即以某一海湾环境容量计算为例证明污染源输入负荷量-输出响应浓度场是直线性系统。

　　沿海湾沿岸从北至南设置 5 个模拟污染源（下称污染源），分别为 $1^{\#}$、$2^{\#}$、$3^{\#}$、$4^{\#}$ 和 $5^{\#}$，具体位置见图 2-17。

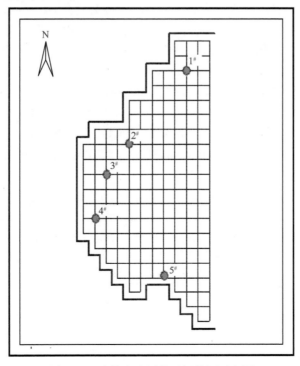

图 2-17　计算海湾网格及污染源示意图

　　利用保守物质扩散方程的数值模型对 1#～5#污染源各自单独做输入负荷量-
输出响应浓度场模拟计算，使用的各项参数如下：
　　（1）计算其中任意一污染源的输入负荷量-输出响应浓度时，要计算的污染源
输入负荷量取"1 t/d"（为单位输入负荷量），其他污染源输入负荷量均为"0 t/d"；
　　（2）开边界浓度为"0 mg/L"（增量计算）；
　　（3）计算 30 个潮周期（浓度场已稳定）结束。
　　计算结果见表 2-4。

表 2-4　各污染源输入负荷量为 1 t/d 时响应浓度和影响浓度表　（单位：mg/L）

污染源	1#	2#	3#	4#	5#
1#	0.141	0.013	0.014	0.012	0.001
2#	0.018	0.209	0.049	0.044	0.002
3#	0.002	0.031	0.395	0.093	0.003
4#	0.001	0.010	0.034	0.527	0.003
5#	0.001	0.003	0.003	0.005	0.168

　　上表中行数据表示各污染源单独输入 1 t/d、其他污染源输入均为 0 t/d 时，各
污染源排污口处输出响应浓度和受影响浓度值，如 1#污染源输出响应浓度为
0.141 mg/L，对 2#～5#污染源排污口处的影响浓度分别为 0.013 mg/L、0.014 mg/L、
0.012 mg/L 和 0.001 mg/L。表中列数据表示各污染源单独输入 1 t/d（其他污染源
输入 0 t/d）产生的输出响应浓度和受其他污染源输入 1 t/d 时产生的影响浓度值。
如 2#污染源单独输入 1 t/d（其他污染源输入均为 0 t/d）时，在排污口处产生的输
出响应浓度为 0.209 mg/L，其他污染源单独输入 1 t/d 时，对 2#污染源产生的影响
浓度分别为 0.013 mg/L(1#)、0.031 mg/L(3#)、0.01 mg/L(4#)和 0.003 mg/L(5#)。
　　用上述同样的计算方法、步骤和条件，对 1#～5#污染源分别计算输入"2 t/d"
"5 t/d"和"10 t/d"负荷时可得各污染源排污口处的输出响应浓度和影响浓度值，
计算结果，见表 2-5～表 2-7。

表 2-5　各污染源输入负荷量为 2 t/d 时响应浓度和影响浓度表　（单位：mg/L）

污染源	1#	2#	3#	4#	5#
1#	0.282	0.026	0.029	0.024	0.002
2#	0.036	0.419	0.099	0.088	0.004
3#	0.004	0.063	0.79	0.187	0.005
4#	0.003	0.021	0.069	1.053	0.005
5#	0.002	0.006	0.005	0.01	0.335

表 2-6 各污染源输入负荷量为 5 t/d 时响应浓度和影响浓度表 （单位：mg/L）

污染源	1#	2#	3#	4#	5#
1#	0.705	0.066	0.072	0.06	0.004
2#	0.089	1.047	0.247	0.22	0.009
3#	0.011	0.156	1.976	0.467	0.013
4#	0.007	0.052	0.172	2.634	0.013
5#	0.004	0.015	0.013	0.025	0.838

表 2-7 各污染源输入负荷为 10 t/d 时响应浓度和影响浓度表 （单位：mg/L）

污染源	1#	2#	3#	4#	5#
1#	1.41	0.132	0.144	0.12	0.008
2#	0.179	2.094	0.495	0.44	0.019
3#	0.022	0.313	3.952	0.935	0.026
4#	0.015	0.103	0.345	5.267	0.026
5#	0.008	0.029	0.026	0.051	1.676

由表 2-4～表 2-7 中数据经整理可得表 2-8 中数据。

表 2-8 1#～5# 污染源输入负荷量 1～10 t/d 时各污染源排污口处输出响应浓度（单位：mg/L）

污染源	输出响应浓度			
	负荷量 1 t/d	负荷量 2 t/d	负荷量 5 t/d	负荷量 10 t/d
1#	0.141	0.282	0.705	1.410
2#	0.209	0.419	1.047	2.094
3#	0.395	0.790	1.976	3.952
4#	0.527	1.053	2.634	5.267
5#	0.0168	0.335	0.838	1.676

用表 2-8 中数据对 1#～5# 污染源输入负荷量和输出响应浓度作相关分析，得回归方程：

$$S_i = K_{C_i} C_i + b_{C_i} \qquad (2-8)$$

式中，S_i——第 i 个污染源输入负荷量（t/d）；

C_i——第 i 个污染源排污口处输出响应浓度（mg/L）；

K_{C_i}——回归系数；

b_{C_i}——回归常数。

5 个污染源响应浓度-负荷量回归方程的有关参数见表 2-9。

表 2-9 5 个污染源响应浓度-负荷量相关参数表

污染源	K_{C_i}	b_{C_i}	r	s	q	u	u_{max}	u_{min}
1#	7.0922	0	0.9999	0	0	0	0	0
2#	4.7751	0.0006	0.9999	0.001	0	0.0008	0.0014	0.0002
3#	2.5301	0.0008	1.0000	0.0003	0	0.0003	0.0004	0.0001
4#	1.8986	−0.0002	1.0000	0.0006	0	0.0006	0.0009	0.0002
5#	5.9672	−0.0008	1.0000	0.0012	0	0.0010	0.0018	0.0002

注：r——相关系数；s——平均标准差；q——偏差平方和；u——偏差平均值；u_{max}——最大偏差；u_{min}——最小偏差。

同样，用表 2-8 中数据对 1#~5#污染源输入负荷量和输出响应浓度作相关分析，得回归方程：

$$C_i = K_{S_i} \cdot S_i + b_{S_i} \tag{2-9}$$

式中，C_i——输出响应浓度；

S_i——污染源输入负荷；

K_{S_i}——回归系数；

b_{S_i}——回归常数。

5 个污染源输入负荷量-输出响应浓度回归方程有关参数见表 2-10。

表 2-10 5 个污染源输入负荷量-输出响应浓度相关参数表

污染源	K_{S_i}	b_{S_i}	r	s	q	u	u_{max}	u_{min}
1#	0.1410	0	0.9999	0	0	0	0	0
2#	0.2094	−0.0001	0.9999	0.001	0	0.0008	0.0014	0.0002
3#	0.3952	−0.0003	0.9999	0.0003	0	0.0003	0.0004	0.0001
4#	0.5267	0.0001	0.9999	0.0006	0	0.0006	0.0009	0.0002
5#	0.1676	0.0001	0.9999	0.0012	0	0.0010	0.0018	0.0002

从表 2-9 和表 2-10 中数据可看出：方程（2-8）和方程（2-9）是由坐标原点引出的斜率为 K_{C_i} 和 K_{S_i} 的直线方程，即 b_{C_i} 和 b_{S_i} 值很小（计算误差），可视为"0"，则方程（2-8）和方程（2-9）可化为

$$S_i = K_{C_i} C_i \tag{2-10}$$

$$C_i = K_{S_i} S_i \tag{2-11}$$

则 $K_{C_i} = \dfrac{S_i}{C_i}$；$K_{S_i} = \dfrac{C_i}{S_i}$。

将表 2-8 中各污染源输出形成的响应浓度代入方程（2-8）中，计算 1#~5#污染源输入的负荷量，结果见表 2-11。

表 2-11　计算值与给定值比较表

污染源	负荷量/（t/d）											
	1			2			5			10		
	给定	方程计算值	差	给定	方程计算值	差	给定	方程计算值	差	给定	方程计算值	差
1#	1	1	0	2	2	0	5	5	0	10	10	0
2#	1	0.999	−0.001	2	2.001	0.001	5	5.000	0.000	10	9.999	−0.001
3#	1	1.000	0.000	2	2.000	−0.000	5	5.000	0.000	10	10.00	−0.000
4#	1	1.000	0.000	2	1.999	−0.001	5	5.001	0.001	10	10.00	−0.000
5#	1	1.002	0.002	2	1.998	−0.002	5	5.000	−0.000	10	10.00	0.000

从表中数据可看出，由相关方程计算的各污染源负荷量和给定的负荷量只差 ±0.002，这个差值对于实际应用完全满足要求。用方程（2-9）推算响应浓度值差别也不会超过 0.2%。

用表 2-8 和表 2-9 中数据分别绘制 1#～5#污染源输入负荷量 $S_i = f(C_i)$ 和输出响应浓度 $C_i = f(S_i)$ 相关关系得图 2-18 和图 2-19。

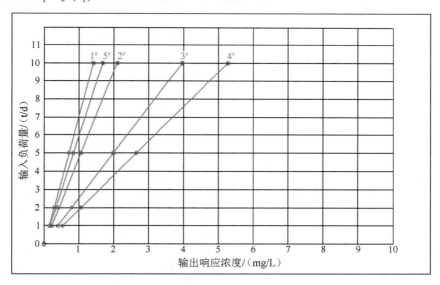

图 2-18　输入负荷量-输出响应浓度关系图

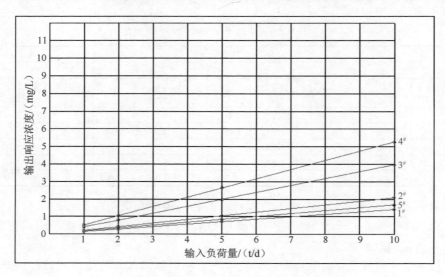

图 2-19　输出响应浓度-输入负荷量关系图

表 2-8 中数据表明 1#~5#污染源输入负荷量和输出响应浓度增加或减少都成倍数关系，说明扩散方程满足线性系统的齐次约束条件。图 2-18、图 2-19 都表明扩散方程是直线性、齐次方程，也说明污染源输入负荷量-输出响应浓度场系统是直线性系统。

下面通过对 1#~5#污染源做同时分别输入 1 t/d、2 t/d、5 t/d 和 10 t/d 负荷量进行数值模拟计算结果见表 2-12。

表 2-12　1#~5#污染源同时分别输入表中负荷量模拟计算结果（单位：mg/L）

污染源	响应浓度			
	负荷量 1 t/d	负荷量 2 t/d	负荷量 5 t/d	负荷量 10 t/d
1#	0.163	0.327	0.817	1.634
2#	0.267	0.534	1.336	2.671
3#	0.496	0.992	2.481	4.961
4#	0.681	1.363	3.406	6.813
5#	0.176	0.351	0.878	1.756

再以表 2-4 和表 2-12 中 1#污染源的数据为例，证明系统的"叠加"原理。表 2-4 中的数据是各污染源单独输入 1 t/d，其他污染源输入为 0 t/d 时，扩散方程数值计算的结果。例如，1#污染源单独输入 1 t/d，2#~5#污染源输入均为 0 t/d 时，其输出响应浓度为 0.141 mg/L，它对 2#~5#污染源产生的影响浓度分别为 0.013 mg/L、0.014 mg/L、0.012 mg/L 和 0.001 mg/L。同理，2#~5#污染源对 1#污染源的影响浓度分别为 0.018 mg/L、0.002 mg/L、0.001 mg/L 和 0.001 mg/L。显然，1#污染源的响应浓度为 0.141mg/L+0.018 mg/L+0.002 mg/L+0.001 mg/L+0.001 mg/L=0.163 mg/L。

此浓度值和表 2-12 中 1#污染源数值计算结果相等,说明各污染源输入同时作用所产生的输出响应浓度等于各污染源单独输入,而其他污染源输入为 0 t/d 时的输出响应浓度之和。上述计算结果证明了线性方程的叠加原理。

综上计算,通过扩散方程的数值模拟计算结果和相关分析,反证了扩散方程是椭圆型的线性数学物理方程,它完全符合方程(2-6)和方程(2-7)的约束条件(即线性、齐次),进一步验证了具有多污染源输入-输出形成的响应浓度场的系统是线性系统。

2.3.3　海洋环境容量计算方法

扩散数值模型计算输入条件:

(1)目标海域水质要求由《辽宁省海洋功能区划(2011—2020 年)》中该海域功能区类型的环境管理要求确定;

(2)目标海域各功能区开边界的水质浓度数据可根据该功能区周边水域的功能区水质标准或由专家建议给定(王修林和李克强,2006),一般取不低于该功能区一个水质等级标准(如功能区水质标准为三类,则开边界可取二类水质浓度值参加计算);

(3)现状环境容量计算开边界浓度由计算海域开边界现场观测浓度给定;

(4)流场数据,扩散数值模型计算是建立在潮流数值模型计算结果的基础上的,因此,首先要完成计算海域潮流场计算,并将计算结果形成数据文件供扩散数值模拟时使用。

1.　环境容量试算逼近法

1)试算逼近法概述

用扩散数值模型计算污染物在海水中扩散过程时发现,目标海域中各点的浓度均和污染源输入负荷量密切相关。其中污染源排污口处的浓度和污染源的输入负荷量相关性最显著。根据这一相关性,建立用给定排污口处的水质浓度,计算污染源输入负荷量的方法。

当污染源排污口处的水质浓度已知时,通过调整扩散数值模型中的污染源输入负荷量的值,使数值模型计算结果的浓度值逐渐逼近排污口处约定的浓度值,直至二者相等。将此时污染源输入负荷量定义为该污染源的允许输入负荷量。上述的计算方法称为“环境容量试算逼近法”,简称“试算逼近法”。计算过程见图 2-20。

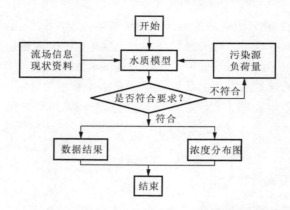

图 2-20　试算逼近法计算污染源允许负荷量框图

　　下面给出一个污染源初始负荷量的计算方法，首先以 1 t/d 的负荷量代入扩散方程进行模拟计算，待稳定后可得各污染源排污口处的输出响应浓度值，如前面计算海湾中 5 个污染源经上述计算，其结果见表 2-13。

表 2-13　5 个污染源排污口处的输出响应浓度值　（单位：mg/L）

站号	1#	2#	3#	4#	5#
计算值	0.141	0.209	0.395	0.527	0.168

　　上表中数据是各污染源单独输入 1 t/d 时，在各自排污口处产生的输出响应浓度，反之，通过表中数据可求出各污染源排污口处输出响应浓度为 1 mg/L 时所对应各污染源的输入负荷量，见表 2-14。

表 2-14　5 个污染源单位源强输出响应浓度对应的输入负荷量　（单位：t/d）

站号	1#	2#	3#	4#	5#
计算值	1/0.141=7.0922	1/0.209=4.7847	1/0.395=2.5316	1/0.527=1.8975	1/0.168=5.9524

　　2）试算逼近法计算实例

　　现以 2# 污染源输入污染物 COD 为例，说明用试算逼近法计算环境容量的步骤及参数：

　　（1）设 2# 污染源所在目标海域功能区水质应符合二类水质标准（3.00 mg/L）；

　　（2）设水质本底浓度为 1.00 mg/L；

　　（3）用增量计算方法（即边界输入浓度为 0 mg/L）进行计算；

　　（4）计算 2# 污染源初始输入的负荷量；

　　（5）$S_0 = 4.7847 \times (3.00-1.00) = 9.5694$（t/d）（1.00 mg/L 为本底浓度）；

　　将（5）计算的初始负荷量代入扩散方程进行数值模拟计算得 $C_0=2.004$ mg/L。

显然，2.004 mg/L+1.00 mg/L（本底）= 3.004 mg/L，和二类水质 3.00 mg/L 相当接近，但仍超标 0.4%。要达到标准需要将初始负荷量稍加削减，直到小于等于 3.00 mg/L 为止。

经调整将输入负荷量削减到 S_0=9.5025 t/d 时，得到输出响应浓度为 1.99 mg/L。再加上本底浓度 1.00 mg/L，则得 2.99 mg/L。此值小于标准浓度 0.1%。可认为 2# 污染源允许输入负荷为 9.502 t/d。则 2# 污染源所在目标海域功能区的 COD 标准环境容量为

$$S_c = 9.502 \text{ t/d} \times 365 \text{ d} = 3468.23 \text{ t/a}$$

用试算逼近法进行目标海域的环境容量计算时，一般要进行 1～3 次试算，若目标海域有多个功能区，而且各功能区中又有多个污染源，用上述方法计算环境容量是一项烦琐的计算工作。

2. 环境容量计算反演法

当计算海域只有较少（1～3）污染源时，"环境容量试算逼近法"还可用。但污染源较多时，则计算量（调整次数）明显增大。为了减少计算工作量和避免污染源间负荷量调配过程的繁杂，下面推荐一种新的计算方法，即"环境容量计算反演法"，简称"反演法"。

在"反演法"计算中，方程（2-10）、方程（2-11）即 $S_i = K_{C_i} C_i$ 和 $C_i = K_{S_i} S_i$。

各项参数的物理意义与前文相同，但浓度 C_i 为计算海域功能区的水质标准浓度，即功能区划中确定的水质要求。

用上述方程中的水质标准浓度 C_i 计算目标海域各功能区中各污染源的允许输入负荷量，即各功能区的标准环境容量 S_i 的方法称为"环境容量计算反演法"。

前面已经证明污染源输入负荷量-输出响应浓度场是线性系统，所使用的物质扩散方程在第一边界条件下是直线性、齐次数学物理方程。用它计算结果所建立的回归方程（2-9），计算上述目标海域中 1#～5# 污染源所在功能区的标准环境容量。计算流程见图 2-21。

当目标海域有多个污染源同时输入各自的负荷量时，在海水中形成输出的响应浓度场是受各污染源输入负荷量增加或减少、再增加或再减少的反复影响过程，但每重复一次增加或减少的数值逐渐减少趋于稳定。因此，需要进行循环迭代计算。

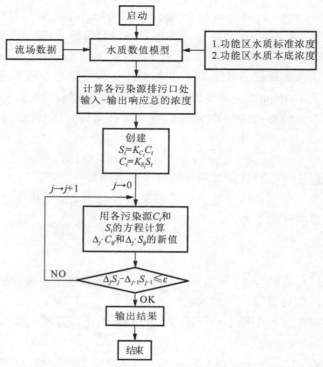

图 2-21　反演法计算污染源允许输入最大负荷量流程图

　　以下用两个实例说明循环迭代计算过程。为计算方便，将方程（2-10）、方程（2-11）的有关参数列成下表以供使用（表 2-15、表 2-16）。

表 2-15　方程（2-10）、方程（2-11）参数表

污染源	参数	
	$S_i = K_{C_i} C_i$	$C_i = K_{S_i} S_i$
	K_{C_i}	K_{S_i}
$1^{\#}$	7.0922	0.1410
$2^{\#}$	4.7751	0.2094
$3^{\#}$	2.5301	0.3952
$4^{\#}$	1.8986	0.5267
$5^{\#}$	5.9672	0.1676

表 2-16　各污染源单独输入 1 t/d 时各排污口处响应和影响浓度（单位：mg/L）

污染源	$1^{\#}$	$2^{\#}$	$3^{\#}$	$4^{\#}$	$5^{\#}$
$1^{\#}$	$C_{1\text{-}1}=0.141$	$C_{2\text{-}1}=0.013$	$C_{3\text{-}1}=0.014$	$C_{4\text{-}1}=0.012$	$C_{5\text{-}1}=0.001$
$2^{\#}$	$C_{1\text{-}2}=0.018$	$C_{2\text{-}2}=0.209$	$C_{3\text{-}2}=0.049$	$C_{4\text{-}2}=0.044$	$C_{5\text{-}2}=0.002$
$3^{\#}$	$C_{1\text{-}3}=0.002$	$C_{2\text{-}3}=0.031$	$C_{3\text{-}3}=0.395$	$C_{4\text{-}3}=0.093$	$C_{5\text{-}3}=0.003$
$4^{\#}$	$C_{1\text{-}4}=0.001$	$C_{2\text{-}4}=0.010$	$C_{3\text{-}4}=0.034$	$C_{4\text{-}4}=0.527$	$C_{5\text{-}4}=0.003$
$5^{\#}$	$C_{1\text{-}5}=0.001$	$C_{2\text{-}5}=0.003$	$C_{3\text{-}5}=0.003$	$C_{4\text{-}5}=0.005$	$C_{5\text{-}5}=0.168$

1）两个污染源（贡献率）反演迭代法计算实例

（1）计算参数设定。

① 以污染物质 COD 为例，设 1#污染源为四类水质标准（5.00 mg/L），2#污染源为三类水质标准（4.00 mg/L）；

② 本底浓度 1#和 2#污染源所在功能区均为 1.00 mg/L；

③ 用增量计算方法，即开边界水质浓度为 0.00 mg/L，功能区的绝对水质浓度为本底浓度"加"增量计算的浓度之和（叠加原理）；

④ 设 $\Delta_0 C_1$ =5.00 mg/L−1.00 mg/L = 4.00 mg/L（增量计算浓度），

$\Delta_0 C_2$ =4.00 mg/L−1.00 mg/L = 3.00 mg/L（增量计算浓度）。

（2）计算初始负荷量及各污染源间贡献率。

用方程（2-10）、方程（2-11）和 1#、2#污染源设定的参数及表 2-15、表 2-16 中各项数据计算：

① 1#污染源：

$$\Delta_0 S_{10} = K_{C_1} C_1$$
$$= 7.0922 \times \Delta_0 C_1 = 7.0922 \times 4.00 = 28.3688 \text{（t/d）}$$

$C_{r1} = C_{1\text{-}2}/C_{1\text{-}1} = 0.018/0.141 = 0.1276$（$C_{r1}$—贡献率，下同）

② 2#污染源：

$$\Delta_0 S_{20} = K_{C_2} C_2$$
$$= 4.7751 \times \Delta_0 C_2 = 4.7751 \times 3.00 \text{ mg/L} = 14.3253 \text{（t/d）}$$

$C_{r2} = C_{2\text{-}1}/C_{2\text{-}2} = 0.013/0.2094 = 0.0621$

（3）1 次迭代（用 $\Delta_0 S_{10}$、$\Delta_0 S_{20}$ 计算 $\Delta_1 S_1$、$\Delta_1 S_2$）。

① 2#污染源对 1#污染源"贡献的负荷量"（以下"贡献负荷量"省略）：

$\Delta_0 S_{1\text{-}2} = C_{r1} \times \Delta_0 S_{20} = 0.1276 \times 14.3253 = 1.828$

$\Delta_1 S_1 = \Delta_0 S_{10} - \Delta_0 S_{1\text{-}2} = 28.3688 - 1.828 = 26.5408$

② 1#污染源对 2#污染源：

$\Delta_0 S_{2\text{-}1} = C_{r2} \times \Delta_0 S_{10} = 0.0621 \times 26.5408 = 1.6482$

$\Delta_1 S_2 = \Delta_0 S_{20} - \Delta_0 S_{2\text{-}1} = 14.3253 - 1.6482 = 12.6771$

（4）2 次迭代。

用新算得的 $\Delta_1 S_1$ 和 $\Delta_1 S_2$ 的值代替 $\Delta_0 S_{10}$ 和 $\Delta_1 S_2$ 的值并重复上述计算过程。

① 2#污染源对 1#污染源：

$\Delta_2 S_{1\text{-}2} = C_{r1} \times \Delta_1 S_2 = 0.1276 \times 12.6771 = 1.6176$

$\Delta_2 S_1 = \Delta_0 S_{10} - \Delta_2 S_{1\text{-}2} = 28.3688 - 1.6176 = 26.7512$

② 1#污染源对 2#污染源：

$\Delta_2 S_{2\text{-}1} = C_{r2} \times \Delta_1 S_1 = 0.0621 \times 26.7512 = 1.6612$

$\Delta_2 S_2 = \Delta_0 S_{20} - \Delta_2 S_{1-2} = 14.3253 - 1.6612 = 12.6641$

（5）3 次迭代。

用 $\Delta_2 S_1$ 和 $\Delta_2 S_2$ 代替 $\Delta_1 S_1$ 和 $\Delta_1 S_2$ 重新计算。

① $2^{\#}$污染源对 $1^{\#}$污染源：

$\Delta_3 S_{1-2} = C_{r1} \times \Delta_2 S_2 = 0.1276 \times 12.6641 = 1.616$

$\Delta_3 S_1 = \Delta_0 S_{10} - \Delta_3 S_{1-2} = 28.3688 - 1.616 = 26.7528$

② $1^{\#}$污染源对 $2^{\#}$污染源：

$\Delta_3 S_{2-1} = C_{r2} \times \Delta_3 S_1 = 0.0621 \times 26.7528 = 1.6613$

$\Delta_3 S_2 = \Delta_0 S_{20} - \Delta_3 S_{2-1} = 14.3253 - 1.6613 = 12.664$

经过 5 次迭代计算结果，见表 2-17。

表 2-17　各次迭代计算结果　　　　　　　　（单位：mg/L）

污染源	迭代次数					
	Δ_0	Δ_1	Δ_2	Δ_3	Δ_4	Δ_5
$1^{\#}$	28.3688	26.5408	26.7511	26.7512	26.752	26.752
$2^{\#}$	14.3253	12.6771	12.664	12.664	12.664	12.664

从表中数据可看出，$1^{\#}$污染源经 4 次迭代已稳定。$2^{\#}$污染源经两次迭代已稳定。说明计算过程收敛很快。

③ 各污染源允许输入负荷量：

$\Delta_4 S_1 = \Delta_5 S_1$，即 $1^{\#}$污染源允许排放负荷量为 $S_1 = 26.752$ t/d，该功能区标准环境容量为

$S_{1a} = 26.752$ t/d $\times$ 365 d/a = 9674.48 t/a。

$\Delta_4 S_2 = \Delta_5 S_{2a}$，即 $2^{\#}$污染源允许排放负荷量为 $S_2 = 12.664$ t/d，该功能区标准环境容量为

$S_{2a} = 12.664$ t/d $\times$ 365 d/a = 4622.36 t/a。

（6）验证。

用方程（2-10）计算标准浓度：

$\Delta C_1 = 0.141$ mg/L $\times$ 26.7511 + 0.018 mg/L $\times$ 12.6645（$2^{\#}$对 $1^{\#}$影响浓度）

　　 = 3.999 mg/L（增量计算值）

加本底浓度：

$C_1 = 3.999$ mg/L + 1.00 mg/L

　　 = 4.999 mg/L（此值和功能区划给定的 COD 四类水质浓度，只差 0.001 mg/L）

$\Delta C_2 = 0.2094$ mg/L $\times$ 12.6645 + 0.013 mg/L $\times$ 26.752（$1^{\#}$对 $2^{\#}$影响浓度）

　　 = 2.9999 mg/L

$C_2 = 2.9999$ mg/L + 1.00 mg/L（本底浓度）

　　 = 3.9999 mg/L

将 $1^{\#}$ 和 $2^{\#}$ 污染源用"反演法"计算的允许最大负荷量 26.752 t/d 和 12.664 t/d 代入扩散数值方程模拟计算结果：

C_1 = 3.999 mg/L+1.00 mg/L（本底）= 4.999 mg/L

C_2 = 3.005 mg/L+1.00 mg/L（本底）= 4.005 mg/L

此值和用"反演法"计算结果几乎相等，见表 2-18。

表 2-18　标准计算浓度验证表　　　　　　（单位：mg/L）

污染源	标准浓度	反演法计算浓度	数值模拟计算浓度
$1^{\#}$	5.00	4.999	4.999
$2^{\#}$	4.00	4.000	4.005

2）五个污染源反演迭代法计算实例

（1）计算参数设定。

① 以污染物质 COD 为例，$1^{\#}$～$5^{\#}$ 污染源所在海域功能区的水质标准等级见表 2-19。

表 2-19　$1^{\#}$～$5^{\#}$ 污染源所在海域功能区的水质标准等级表　（单位：mg/L）

类别	污染源														
	$1^{\#}$			$2^{\#}$			$3^{\#}$			$4^{\#}$			$5^{\#}$		
	标准浓度	本底浓度	计算浓度 C_{10}	标准浓度	本底浓度	计算浓度 C_{20}	标准浓度	本底浓度	计算浓度 C_{30}	标准浓度	本底浓度	计算浓度 C_{40}	标准浓度	本底浓度	计算浓度 C_{50}
一类															
二类							3	1	2	3	1	2			
三类				4	1	3							4	1	3
四类	5	1	4												

② 采用增量计算方法，即开边界水质浓度为 0.00 mg/L，功能区的绝对水质浓度为本底浓度"加"增量计算的浓度之和（叠加原理）。

（2）用"反演法"计算 $1^{\#}$～$5^{\#}$ 污染源允许负荷量。

① $1^{\#}$～$5^{\#}$ 污染源回归方程及各项参数可由表 2-15、表 2-19 和表 2-20 查得：

$S_1 = K_{C_1} C_1 = 7.0922 \times 4$ mg/L

$S_2 = K_{C_2} C_2 = 4.7751 \times 3$ mg/L

$S_3 = K_{C_3} C_3 = 2.5301 \times 2$ mg/L

$S_4 = K_{C_4} C_4 = 1.8986 \times 2$ mg/L

$S_5 = K_{C_5} C_5 = 5.9672 \times 3$ mg/L

② 用上述各方程和表 2-16 数据计算 $1^{\#}$～$5^{\#}$ 污染源初始负荷量，见表 2-20。

表 2-20　初始负荷量计算值表　　　　　　（单位：t/d）

污染源	$1^{\#}$-$\Delta_0 S_1$	$2^{\#}$-$\Delta_0 S_2$	$3^{\#}$-$\Delta_0 S_3$	$4^{\#}$-$\Delta_0 S_4$	$5^{\#}$-$\Delta_0 S_5$
负荷量	28.3688	14.3253	5.0602	3.7972	17.9037

（3）反演法——迭代计算过程。

① 1 次迭代计算。

$2^{\#}\sim 5^{\#}$污染源对 $1^{\#}$污染源影响浓度：

$\Delta_0 C_{1\text{-}2} = C_{1\text{-}2} \times \Delta_0 S_2$

　　$= 0.018 \text{ mg/L} \times 14.3253 = 0.2578 \text{ mg/L}$

$\Delta_0 C_{1\text{-}3} = C_{1\text{-}3} \times \Delta_0 S_3$

　　$= 0.002 \text{ mg/L} \times 5.0602 = 0.0101 \text{ mg/L}$

$\Delta_0 C_{1\text{-}4} = C_{1\text{-}4} \times \Delta_0 S_4$

　　$= 0.001 \text{ mg/L} \times 3.7972 = 0.0038 \text{ mg/L}$

$\Delta_0 C_{1\text{-}5} = C_{1\text{-}5} \times \Delta_0 S_5$

　　$= 0.001 \text{ mg/L} \times 17.9037 = 0.0179 \text{ mg/L}$

$\Delta_1 C_1 = \Delta_0 C_{1\text{-}2} + \Delta_0 C_{1\text{-}3} + \Delta_0 C_{1\text{-}4} + \Delta_0 C_{1\text{-}5}$

　　$= 0.2578 \text{ mg/L} + 0.0101 \text{ mg/L} + 0.0038 \text{ mg/L} + 0.0179 \text{ mg/L} = 0.2896 \text{ mg/L}$

$\Delta_1 C_{11} = C_{10} - \Delta_1 C_1$

　　$= 4.00 \text{ mg/L} - 0.2896 \text{ mg/L} = 3.7104 \text{ mg/L}$

$\Delta_1 S_1 = K_{C_1} \times \Delta_1 C_{11}$　[$1^{\#}$回归方程（2-10），下同]

　　$= 7.0922 \times 3.71074 = 26.3194$

$1^{\#}$、$3^{\#}\sim 5^{\#}$污染源对 $2^{\#}$污染源影响浓度：

$\Delta_1 C_{2\text{-}1} = C_{2\text{-}1} \times \Delta_0 S_1$

　　$= 0.013 \text{ mg/L} \times 28.3688 = 0.3688 \text{ mg/L}$

$\Delta_1 C_{2\text{-}3} = C_{2\text{-}3} \times \Delta_0 S_3$

　　$= 0.031 \text{mg/L} \times 5.0602 = 0.1569 \text{ mg/L}$

$\Delta_1 C_{2\text{-}4} = C_{2\text{-}4} \times \Delta_0 S_4$

　　$= 0.01 \text{ mg/L} \times 3.7972 = 0.0379 \text{ mg/L}$

$\Delta_1 C_{2\text{-}5} = C_{2\text{-}5} \times \Delta_0 S_5$

　　$= 0.003 \text{ mg/L} \times 17.9037 = 0.0537 \text{ mg/L}$

$\Delta_1 C_2 = \Delta_1 C_{2\text{-}2} + \Delta_1 C_{2\text{-}3} + \Delta_1 C_{2\text{-}4} + \Delta_1 C_{2\text{-}5}$

　　$= 0.3688 \text{mg/L} + 0.1569 \text{ mg/L} + 0.0379 \text{ mg/L} + 0.0537 \text{ mg/L} = 0.6173 \text{ mg/L}$

$\Delta_1 C_{22} = C_{20} - \Delta_1 C_2$

　　$= 3.00 \text{ mg/L} - 0.6173 \text{ mg/L} = 2.3827 \text{ mg/L}$

$\Delta_1 S_2 = K_{C_2} \times \Delta_1 C_{22} = 4.7751 \times 2.3827 = 11.3776$

$1^{\#}$、$2^{\#}$、$4^{\#}$、$5^{\#}$污染源对 $3^{\#}$污染源影响浓度：

$\Delta_1 C_{3-1} = C_{3-1} \times \Delta_0 S_1$
$\quad = 0.014\ \text{mg/L} \times 28.3688 = 0.3972\ \text{mg/L}$

$\Delta_1 C_{3-2} = C_{3-3} \times \Delta_0 S_2$
$\quad = 0.049\ \text{mg/L} \times 14.325 = 0.7019\ \text{mg/L}$

$\Delta_1 C_{3-4} = C_{3-4} \times \Delta_0 S_4$
$\quad = 0.034\ \text{mg/L} \times 3.7972 = 0.1291\ \text{mg/L}$

$\Delta_1 C_{3-5} = C_{3-5} \times \Delta_0 S_5$
$\quad = 0.003\ \text{mg/L} \times 17.9037 = 0.0537\ \text{mg/L}$

$\Delta_1 C_3 = \Delta_1 C_{3-1} + \Delta_1 C_{3-2} + \Delta_1 C_{3-3} + \Delta_1 C_{3-5}$
$\quad = 0.3972\ \text{mg/L} + 0.7019\ \text{mg/L} + 0.1291\ \text{mg/L} + 0.0537\ \text{mg/L} = 1.2819\ \text{mg/L}$

$\Delta_1 C_{33} = C_{30} - \Delta_1 C_3$
$\quad = 2.00\ \text{mg/L} - 1.2819\ \text{mg/L} = 0.7181\ \text{mg/L}$

$\Delta_1 S_3 = K_{C_3} \times \Delta_1 C_{33}$
$\quad = 2.5301 \times 0.7181 = 1.8168$

$1^{\#}$、$2^{\#}$、$3^{\#}$、$5^{\#}$污染源对 $4^{\#}$污染源影响浓度：

$\Delta_1 C_{4-1} = C_{4-1} \times \Delta_0 S_1$
$\quad = 0.012\ \text{mg/L} \times 28.3688 = 0.3404\ \text{mg/L}$

$\Delta_1 C_{4-2} = C_{4-2} \times \Delta_0 S_2$
$\quad = 0.044\text{mg/L} \times 14.3253 = 0.6303\ \text{mg/L}$

$\Delta_1 C_{4-3} = C_{4-3} \times \Delta_0 S_3$
$\quad = 0.093\ \text{mg/L} \times 5.0602 = 0.4706\ \text{mg/L}$

$\Delta_1 C_{4-5} = C_{4-5} \times \Delta_0 S_5$
$\quad = 0.005\ \text{mg/L} \times 17.9037 = 0.0895\ \text{mg/L}$

$\Delta_1 C_4 = \Delta_1 C_{4-1} + \Delta_1 C_{4-2} + \Delta_1 C_{4-3} + \Delta_1 C_{4-5}$
$\quad = 0.3404\ \text{mg/L} + 0.0603\ \text{mg/L} + 0.4706\ \text{mg/L} + 0.0895\ \text{mg/L}$
$\quad = 1.5308\ \text{mg/L}$

$\Delta_1 C_{44} = C_{40} - \Delta_1 C_4$
$\quad = 2.00\ \text{mg/L} - 1.5308\ \text{mg/L} = 0.4692\ \text{mg/L}$

$\Delta_1 S_4 = K_{C_4} \times \Delta_1 C_{44}$
$\quad = 1.8986 \times 0.4692 = 0.8907$

$1^{\#} \sim 4^{\#}$污染源对 $5^{\#}$污染源影响浓度：

$\Delta_1 C_{5-1} = C_{5-1} \times \Delta_0 S_1$
$\quad = 0.001\ \text{mg/L} \times 28.3688 = 0.0284\ \text{mg/L}$

$$\Delta_1 C_{5\text{-}2} = C_{5\text{-}2} \times \Delta_0 S_2$$
$$= 0.002 \text{ mg/L} \times 14.3253 = 0.0286 \text{ mg/L}$$

$$\Delta_1 C_{5\text{-}3} = C_{5\text{-}3} \times \Delta_0 S_3$$
$$= 0.003 \text{ mg/L} \times 5.0602 = 0.0152 \text{ mg/L}$$

$$\Delta_1 C_{5\text{-}4} = C_{5\text{-}4} \times \Delta_0 S_4$$
$$= 0.003 \text{ mg/L} \times 3.7972 = 0.0114 \text{ mg/L}$$

$$\Delta_1 C_5 = \Delta_1 C_{5\text{-}1} + \Delta_1 C_{5\text{-}2} + \Delta_1 C_{5\text{-}3} + \Delta_1 C_{5\text{-}4}$$
$$= 0.0284 \text{ mg/L} + 0.0286 \text{ mg/L} + 0.0152 \text{ mg/L} + 0.01145 \text{ mg/L} = 0.0836 \text{ mg/L}$$

$$\Delta_1 C_{55} = C_{50} - \Delta_1 C_5 = 3.00 \text{ mg/L} - 0.0836 \text{ mg/L} = 2.9164 \text{ mg/L}$$

$$\Delta_1 S_5 = K_{C_5} \times \Delta_1 C_{55}$$
$$= 5.9672 \times 2.9164 = 17.4048$$

② 2 次迭代计算。

$2^{\#}\sim 5^{\#}$污染源对 $1^{\#}$污染源影响浓度：

$$\Delta_2 C_{1\text{-}2} = C_{1\text{-}2} \times \Delta_1 S_2$$
$$= 0.018 \text{ mg/L} \times 11.3772 = 0.2048 \text{ mg/L}$$

$$\Delta_2 C_{1\text{-}3} = C_{1\text{-}3} \times \Delta_1 S_3$$
$$= 0.002 \text{ mg/L} \times 1.8168 = 0.0036 \text{ mg/L}$$

$$\Delta_2 C_{1\text{-}4} = C_{1\text{-}4} \times \Delta_1 S_4$$
$$= 0.001 \text{ mg/L} \times 0.8907 = 0.0009 \text{ mg/L}$$

$$\Delta_2 C_{1\text{-}5} = C_{1\text{-}5} \times \Delta_1 S_5$$
$$= 0.001 \text{ mg/L} \times 17.4048 = 0.0174 \text{ mg/L}$$

$$\Delta_2 C_1 = \Delta_2 C_{1\text{-}2} + \Delta_2 C_{1\text{-}3} + \Delta_2 C_{1\text{-}4} + \Delta_2 C_{1\text{-}5}$$
$$= 0.2048 \text{ mg/L} + 0.0036 \text{ mg/L} + 0.0009 \text{ mg/L} + 0.0174 \text{ mg/L} = 0.0267 \text{ mg/L}$$

$$\Delta_2 C_{11} = C_{10} - \Delta_{12} C_1$$
$$= 4.00 \text{ mg/L} - 0.0267 \text{ mg/L} = 3.7733 \text{ mg/L}$$

$$\Delta_2 S_1 = K_{C_1} \times \Delta_2 C_{11}$$
$$= 7.0922 \times 3.7733 = 26.7609$$

$1^{\#}$、$3^{\#}\sim 5^{\#}$污染源对 $2^{\#}$污染源影响浓度：

$$\Delta_2 C_{2\text{-}1} = C_{2\text{-}1} \times \Delta_1 S_1$$
$$= 0.013 \text{ mg/L} \times 26.3154 = 0.3421 \text{ mg/L}$$

$$\Delta_2 C_{2\text{-}3} = C_{2\text{-}3} \times \Delta_1 S_3$$
$$= 0.031 \text{ mg/L} \times 1.8168 = 0.0563 \text{ mg/L}$$

$$\Delta_2 C_{2\text{-}4} = C_{2\text{-}4} \times \Delta_1 S_4$$
$$= 0.01 \text{ mg/L} \times 0.8907 = 0.0089 \text{ mg/L}$$

$$\Delta_2 C_{2\text{-}5} = C_{2\text{-}5} \times \Delta_1 S_5$$
$$= 0.003 \text{ mg/L} \times 17.4048 = 0.0522 \text{ mg/L}$$
$$\Delta_2 C_2 = \Delta_2 C_{2\text{-}1} + \Delta_2 C_{2\text{-}3} + \Delta_2 C_{2\text{-}4} + \Delta_2 C_{2\text{-}5}$$
$$= 0.3421 \text{ mg/L} + 0.0563 \text{ mg/L} + 0.0089 \text{ mg/L} + 0.0522 \text{ mg/L} = 0.4595 \text{ mg/L}$$
$$\Delta_2 C_{22} = C_{20} - \Delta_2 C_2$$
$$= 3.00 \text{ mg/L} - 0.4595 \text{ mg/L} = 2.5405 \text{ mg/L}$$
$$\Delta_2 S_2 = K_{C_2} \times \Delta_2 C_{22}$$
$$= 4.7751 \times 2.5405 = 12.1308$$

$1^{\#}$、$2^{\#}$、$4^{\#}$、$5^{\#}$污染源对$3^{\#}$污染源影响浓度：

$$\Delta_2 C_{3\text{-}1} = C_{3\text{-}1} \times \Delta_1 S_1$$
$$= 0.014 \text{ mg/L} \times 26.3144 = 0.3684 \text{ mg/L}$$
$$\Delta_2 C_{3\text{-}2} = C_{3\text{-}3} \times \Delta_1 S_2$$
$$= 0.049 \text{ mg/L} \times 11.3772 = 0.5755 \text{ mg/L}$$
$$\Delta_2 C_{3\text{-}4} = C_{3\text{-}4} \times \Delta_1 S_4$$
$$= 0.034 \text{mg/L} \times 0.8907 = 0.0303 \text{ mg/L}$$
$$\Delta_2 C_{3\text{-}5} = C_{3\text{-}5} \times \Delta_1 S_5$$
$$= 0.003 \text{ mg/L} \times 17.4048 = 0.0522 \text{ mg/L}$$
$$\Delta_2 C_3 = \Delta_2 C_{3\text{-}1} + \Delta_2 C_{3\text{-}2} + \Delta_2 C_{3\text{-}3} + \Delta_2 C_{3\text{-}5}$$
$$= 0.3684 \text{ mg/L} + 0.5575 \text{ mg/L} + 0.0303 \text{ mg/L} + 0.0522 \text{ mg/L} = 1.0084 \text{ mg/L}$$
$$\Delta_2 C_{33} = C_{30} - \Delta_2 C_3$$
$$= 2.00 \text{ mg/L} - 1.0084 \text{ mg/L} = 0.9916 \text{ mg/L}$$
$$\Delta_2 S_3 = K_{C_3} \times \Delta_2 C_{33}$$
$$= 2.5301 \times 0.9916 = 2.5089$$

$1^{\#}$、$2^{\#}$、$3^{\#}$、$5^{\#}$污染源对$4^{\#}$污染源影响浓度：

$$\Delta_2 C_{4\text{-}1} = C_{4\text{-}1} \times \Delta_1 S_1$$
$$= 0.012 \text{ mg/L} \times 26.3144 = 0.3158 \text{ mg/L}$$
$$\Delta_2 C_{4\text{-}2} = C_{4\text{-}2} \times \Delta_1 S_2$$
$$= 0.044 \text{ mg/L} \times 11.3772 = 0.5006 \text{ mg/L}$$
$$\Delta_2 C_{4\text{-}3} = C_{4\text{-}3} \times \Delta_1 S_3$$
$$= 0.093 \text{ mg/L} \times 1.8168 = 0.169 \text{ mg/L}$$
$$\Delta_2 C_{4\text{-}5} = C_{4\text{-}5} \times \Delta_1 S_5$$
$$= 0.005 \text{ mg/L} \times 17.4048 = 0.087 \text{ mg/L}$$
$$\Delta_2 C_4 = \Delta_2 C_{4\text{-}1} + \Delta_2 C_{4\text{-}2} + \Delta_2 C_{4\text{-}3} + \Delta_2 C_{4\text{-}5}$$
$$= 0.3158 \text{ mg/L} + 0.5006 \text{ mg/L} + 0.169 \text{ mg/L} + 0.087 \text{ mg/L} = 1.0724 \text{ mg/L}$$
$$\Delta_2 C_{44} = C_{40} - \Delta_2 C_4$$

$$= 2.00 \text{ mg/L} - 1.0724 \text{ mg/L} = 0.9276 \text{ mg/L}$$

$$\Delta_2 S_4 = K_{C_4} \times \Delta_2 C_{44}$$

$$= 1.8986 \times 0.9276 = 1.7611$$

$1^{\#} \sim 4^{\#}$ 污染源对 $5^{\#}$ 污染源影响浓度：

$$\Delta_2 C_{5\text{-}1} = C_{5\text{-}1} \times \Delta_1 S_1$$

$$= 0.001 \text{ mg/L} \times 26.3144 = 0.2631 \text{ mg/L}$$

$$\Delta_2 C_{5\text{-}2} = C_{5\text{-}2} \times \Delta_1 S_2$$

$$= 0.002 \text{ mg/L} \times 11.3772 = 0.0228 \text{ mg/L}$$

$$\Delta_2 C_{5\text{-}3} = C_{5\text{-}3} \times \Delta_1 S_3$$

$$= 0.003 \text{ mg/L} \times 1.8168 = 0.0054 \text{ mg/L}$$

$$\Delta_2 C_{5\text{-}4} = C_{5\text{-}4} \times \Delta_1 S_4$$

$$= 0.003 \text{ mg/L} \times 17.4048 = 0.0027 \text{ mg/L}$$

$$\Delta_2 C_5 = \Delta_2 C_{5\text{-}1} + \Delta_2 C_{5\text{-}2} + \Delta_2 C_{5\text{-}3} + \Delta_2 C_{5\text{-}4}$$

$$= 0.0263 \text{ mg/L} + 0.0228 \text{ mg/L} + 0.0054 \text{ mg/L} + 0.0027 \text{ mg/L} = 0.0572 \text{ mg/L}$$

$$\Delta_2 C_{55} = C_{50} - \Delta_2 C_5$$

$$= 3.00 \text{ mg/L} - 0.0572 \text{ mg/L} = 2.9428 \text{ mg/L}$$

$$\Delta_2 S_5 = K_{C_5} \times \Delta_2 C_{55}$$

$$= 5.9672 \times 2.9428 = 17.5603$$

通过上述 $1^{\#} \sim 5^{\#}$ 污染源 2 次迭代计算过程，可知每次参加迭代计算的参数，只有各污染源的输入负荷量在更新，即用上次各污染源输入负荷量的值，代入各公式中计算下一次新的各污染源的输入负荷量，这一迭代计算过程一直进行到各污染源的负荷量趋于稳定为止，即相邻两次计算值之差小于±0.5%。

上述 5 个污染源 7 次迭代计算结果见表 2-21。

表 2-21　$1^{\#} \sim 5^{\#}$ 污染源迭代过程数值表

污染源		迭代次数							
		Δ_0	Δ_1	Δ_2	Δ_3	Δ_4	Δ_5	Δ_6	Δ_7
$1^{\#}$	S_1/(t/d)	28.369	26.315	26.761	26.648	26.674	26.667	26.669	26.669
	C_1/(mg/L)	0.240	0.290	0.227	0.243	0.239	0.240	0.240	0.240
$2^{\#}$	S_2/(t/d)	14.325	11.377	12.131	11.957	12.000	11.991	11.993	11.996
	C_2/(mg/L)	0.488	0.617	0.460	0.500	0.487	0.489	0.488	0.488
$3^{\#}$	S_3/(t/d)	5.060	1.817	2.509	2.324	2.366	2.356	2.358	2.358
	C_3/(mg/L)	1.068	1.282	1.001	1.084	1.065	1.069	1.068	1.068
$4^{\#}$	S_4/(t/d)	3.797	0.891	1.761	1.564	1.615	1.603	1.606	1.605
	C_4/(mg/L)	1.155	1.531	1.072	1.176	1.150	1.156	1.154	1.155
$5^{\#}$	S_5/(t/d)	17.904	17.405	17.560	17.523	17.532	17.530	17.531	17.530
	C_5/(mg/L)	0.063	0.083	0.057	0.064	0.062	0.063	0.063	0.063

表中数据说明：

（1）1#～3#污染源经 6 次迭代计算结果已稳定。4#和 5#污染源经 6 次迭代也趋于稳定（相邻两次差值只为 0.1%）。

（2）3#、4#污染源受其他污染源的影响浓度最大，也说明这两个污染源稀释扩散能力最差，特别是 4#污染源位置不适合做污染源的选择地址。

（3）1#和 5#污染源的位置适合做污染源首选位置，尤其是 1#污染源的位置为最佳的选择地址。

（4）在半封闭弓形海湾内，湾顶处不适合设置污染源（如 4#污染源）。海湾的两端是最佳选择位置（如 1#和 5#污染源）。

（5）反演法和数值模型法计算结果验证。

表 2-22　1#～5#污染源浓度验证表　　　　（单位：mg/L）

污染源	方法				
	数值计算值	差值	给定标准值	反演法计算值	差值
1#	4.996	−0.004	5.00	5.00	0.000
2#	4.006	0.006	4.00	3.994	−0.006
3#	3.010	0.010	3.00	2.999	−0.001
4#	3.003	0.003	3.00	3.001	0.001
5#	3.993	−0.007	4.00	4.008	0.008

验证方法说明，数值验证值是将反演法计算的 1#～5#污染源的允许负荷量分别代入数值模型中进行数值模拟计算，得到 1#～5#污染源排污口处的浓度值。

反演法验证值是将 1#～5#污染源由反演法算得的各污染源允许负荷量分别代入各自的回归方程（2-11），计算得到各污染源排污口处的浓度值，再加上其他污染源产生的影响浓度之和（表 2-22）。

表中数据说明：

（1）两种计算方法结果，最大差值为 1%（3#污染源），一般差值在±0.5%之间；

（2）两种方法计算结果与给定的浓度的差值在 0～1%；

（3）上述验证结果说明利用反演法计算污染源输入允许负荷量和输出响应浓度是可信的，与数值模拟计算结果具有同等数量级的精度。

3. 环境容量计算线性规划法

多污染源输入-输出响应浓度场是一线性齐次系统，在各污染源单位源强输入-输出响应浓度和各污染源所在目标海域各功能区的水质标准已知时，可用 n 阶"线性方程组" $CS=C_r$ 求解各污染源的允许输入负荷量。式中：

$$C = \begin{bmatrix} C_{11} & C_{12} & \cdots & C_{1,n} \\ C_{21} & C_{22} & \cdots & C_{2,n} \\ \vdots & \vdots & & \vdots \\ C_{n,1} & C_{n,2} & \cdots & C_{n,n} \end{bmatrix}, \quad S = \begin{bmatrix} S_1 \\ S_2 \\ \vdots \\ S_n \end{bmatrix}, \quad C_r = \begin{bmatrix} C_{r1} \\ C_{r2} \\ \vdots \\ C_{rn} \end{bmatrix}$$

（1）5个污染源输入-输出响应浓度关系可建立下列线性方程组：

$$C_{11}S_1 + C_{12}S_2 + C_{13}S_3 + C_{14}S_4 + C_{15}S_5 = C_{r1}$$
$$C_{21}S_1 + C_{22}S_2 + C_{23}S_3 + C_{24}S_4 + C_{25}S_5 = C_{r2}$$
$$C_{31}S_1 + C_{32}S_2 + C_{33}S_3 + C_{34}S_4 + C_{35}S_5 = C_{r3} \quad\quad (2\text{-}12)$$
$$C_{41}S_1 + C_{42}S_2 + C_{43}S_3 + C_{44}S_4 + C_{45}S_5 = C_{r4}$$
$$C_{51}S_1 + C_{52}S_2 + C_{53}S_3 + C_{54}S_4 + C_{55}S_5 = C_{r5}$$

式中的各系数 C 可由计算海区各污染源单位输入负荷量经扩散数值模拟求得；C_r 可由计算海域各污染源所在功能区的水质标准确定。计算流程图见图2-22。

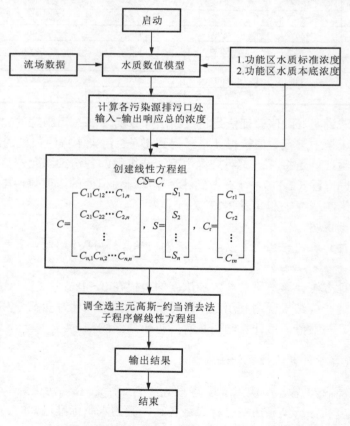

图 2-22　线性规划法计算污染源允许负荷量流程图

（2）用全选主元高斯（Gauss）消去法或全选主元高斯-约当消去法，求解方

程组（2-12）得

$$S_1 = 26.6969 \text{ t/d}$$
$$S_2 = 11.9684 \text{ t/d}$$
$$S_3 = 2.3348 \text{ t/d}$$
$$S_4 = 1.6045 \text{ t/d}$$
$$S_5 = 17.5739 \text{ t/d}$$

（3）将上式计算污染源结果代入数值模型模拟计算得

1$^{\#}$ $C_1 = 4.000005$ mg/L（给定水质标准下计算浓度增量值，下同）

2$^{\#}$ $C_2 = 3.00007$ mg/L

3$^{\#}$ $C_3 = 1.999987$ mg/L

4$^{\#}$ $C_4 = 1.999967$ mg/L

5$^{\#}$ $C_5 = 3.000000$ mg/L

这组计算值和上述用反演迭代法计算结果几乎相等（比反演迭代法精度稍高），但缺陷是，当方程组中的各项系数较小时，一定要取到小数点后六位以上数值参加方程求解，否则会得到误差非常大的结果。

（4）线性规划法计算结果验证，如表 2-23 所示。

表 2-23　线性规划法计算结果与水质标准浓度对比　　（单位：mg/L）

污染源	给定标准值	线性规划法计算值	差值
1$^{\#}$	5.00	5.000	0
2$^{\#}$	4.00	4.000	0
3$^{\#}$	3.00	2.9999	−0.0001
4$^{\#}$	3.00	2.9999	−0.0001
5$^{\#}$	4.00	4.000	0

注：表中计算值已加本底浓度值"1mg/L"。

表中数据证明用线性规划法求得的各污染源允许输入的负荷量，经扩散数值模拟结果与各功能区水质标准完全相等（取小数点后 3 位值）。进一步证明用线性规划法求得的各污染源允许输入负荷量是可信的，也说明该方法是计算目标海域各污染源允许输入负荷量的一种很好的方法。

2.3.4　有效浓度

用上述各种计算方法得到的目标海域中各个污染源输入-输出响应浓度值都是涨落潮半潮面时刻的浓度值，因为我们选用的计算海域为标准的半日潮海区，半潮面时刻的浓度接近平均浓度值。

污染源输入-输出响应浓度场在一个潮周期内随潮时而变化，即不同潮时，响应浓度也不同。但在环境容量计算中,一般认为响应浓度不随时间变化,即 $C(x,y)$;另一种是取一个潮期各潮时的响应浓度的平均值。显然,后者比前者更接近于实际,本书计算取响应浓度的"有效浓度"值进行环境容量计算更加符合实际。在标准半日潮和日潮海区内,响应浓度随潮时成正弦(sinα)函数曲线变化。因此,响应浓度可用下面公式计算。

$$C_i = KC_{i\max} \tag{2-13}$$

式中,C_i——有效浓度;

　　　$C_{i\max}$——1 个潮周内响应浓度最大值;

　　　K——有效浓度系数,取值 0.707。

若计算海区不是标准的半日、日潮海区,不能使用"有效浓度"计算环境容量,只能用"平均浓度"计算环境容量。

2.3.5　海域 COD 环境容量计算结果

1. 标准环境容量

计算海域标准环境容量可由下列公式计算:

$$S_{ai} = \sum_{i=1}^{n} S_i \times 365 \qquad (i=1,2,\cdots,n) \tag{2-14}$$

式中,S_{ai}——计算海域总的允许输入负荷量(环境容量);

　　　S_i——第 i 个污染源一天的允许输入负荷量。

将表 2-21 中数据和 $S_1 \sim S_5$ 的值分别代入公式(2-14),计算结果见表 2-24。

表 2-24　计算海湾标准环境容量　　　　　　　　　(单位:t/a)

污染源	S_i	
	反演法	线性规划法
1#	9 734	9 744
2#	4 378	4 368
3#	860	852
4#	585	585
5#	6 398	6 414
$S_a = \sum_{i=1}^{n} S_{ai}$	21 957	21 965

2. 现状环境容量和剩余环境容量

根据计算海域现状观测数据(海域内外——边界)浓度值,用和标准环境容量计算同样的方法,计算各功能区的环境容量,即可得目标海域的现状环境容量。将标准环境容量减去现状环境容量,即可得剩余环境容量。

2.3.6 环境容量计算步骤

用反演法计算环境容量步骤包括：

（1）流场计算数据。

（2）用扩散数值模型，计算各污染源单独输入单位负荷量（1 t/d）-输出响应浓度场（各污染源排污口处的响应浓度和受影响的浓度值）。

（3）计算各污染源单独输入 1 t/d, 2 t/d, …, n t/d 时，各污染源排污口处的输出响应浓度值。

（4）用（2）和（3）的计算结果，作各污染源相关分析，建立各污染源响应浓度-负荷量和输入负荷量-输出响应浓度回归方程，即

$$S_i = K_{C_i} C_i$$

$$C_i = K_{S_i} S_i$$

（5）用上述两个方程和两种"反演法"进行迭代计算，求得各污染源的允许输入负荷量 S_i。

（6）用（2）和（3）计算结果和各功能区水质标准可得到线性方程组的各项系数 C 和 C_r 的值。再用全选主元高斯消去法或全选主元高斯-约当消去法，求解方程组（2-20），即可得各污染源的允许负荷量。

（7）由公式 $S_a = \sum_{i=1}^{n} S_{ai}$ （$i=1,2,\cdots,n$）计算目标海域标准环境容量。

（8）将反演迭代法和线性规划法编成计算软件程序，由计算机实施容量计算。图 2-23 和图 2-24 是容量计算软件输入、输出运行屏幕显示图。

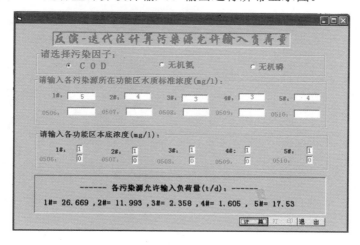

图 2-23　输入、输出运行屏幕显示图（反演迭代法）

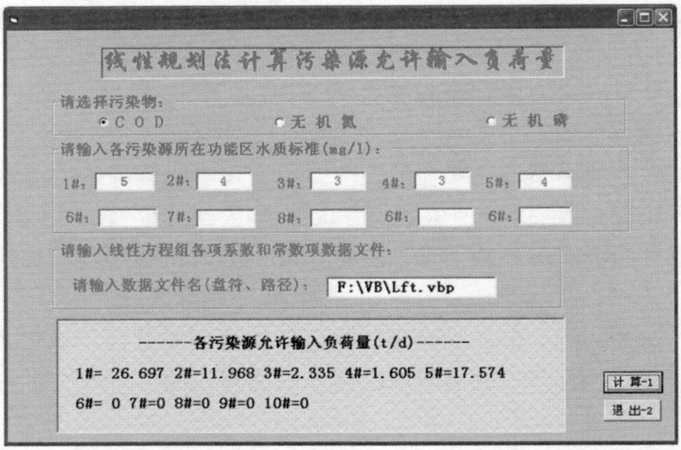

图 2-24　输入、输出运行屏幕显示图（线性规划法）

3 辽东湾近岸海域主要污染物环境容量计算与分析

3.1 概　　述

3.1.1 计算海域划分

辽东湾大陆海岸线全长约 1236 km，海域面积 24 710 km²。通常可将辽东湾划分为辽东湾东部近岸海区、辽东湾顶部近岸海区、辽东湾西部近岸海区以及辽东湾中部海区（郑丙辉等，2007）。再依据辽宁省功能区划的管理功能类型，辽宁海洋生态功能区的分类类型以及社会经济发展现状等人为属性和水文动力、地质地貌、岸线状况等自然属性，充分考虑环境容量计算与海域功能区相互的依靠性，将 3 个近岸海区进一步细化成 13 个环境容量计算海域（图 3-1 和表 3-1）。

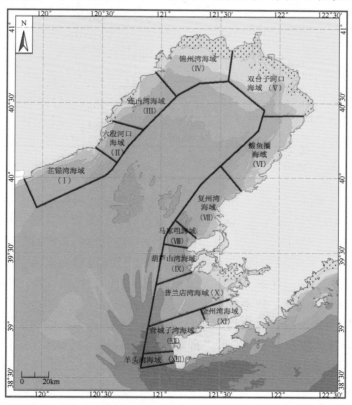

图 3-1　辽东湾近岸环境容量计算海域划分示意图

表 3-1　计算海域分区界址点统计表

海域分区	排序	经度（E）	纬度（N）	所属行政区
芷锚湾海域	I	119°54′03.00″～ 120°26′54.00″	40°00′00.00″～ 40°12′03.00″	葫芦岛市
六股河口海域	II	120°26′54.00″～ 120°36′05.00″	40°11′03.00″～ 40°22′30.00″	
连山湾海域	III	120°32′05.00″～ 120°57′48.00″	40°22′06.00″～ 40°41′38.00″	
锦州湾海域	IV	120°51′10.00″～ 121°50′40.00″	40°38′40.00″～ 40°55′00.00″	锦州市
双台子河口海域	V	121°40′40.00″～ 122°17′33.00″	40°16′52.00″～ 40°52′06.00″	盘锦市 营口市
鲅鱼圈海域	VI	121°40′00.00″～ 122°12′00.00″	39°56′00.00″～ 40°25′00.00″	营口市 大连市
复州湾海域	VII	121°17′01.00″～ 121°40′00.00″	39°36′00.00″～ 39°57′00.00″	
马家咀海域	VIII	120°57′00.00″～ 121°18′00.00″	39°33′12.00″～ 39°36′00.00″	
葫芦山湾海域	IX	120°57′00.00″～ 121°28′00.00″	39°23′16.00″～ 39°33′12.00″	
普兰店湾海域	X	121°15′00.00″～ 121°44′50.00″	39°11′00.00″～ 39°23′18.00″	大连市
金州湾海域	XI	121°22′30.00″～ 121°41′00.00″	39°01′00.00″～ 39°11′00.00″	
营城子湾海域	XII	121°09′06.00″～ 121°25′36.00″	38°54′06.00″～ 39°04′36.00″	
羊头湾海域	XIII	121°02′30.00″～ 121°12′36.00″	38°44′30.00″～ 38°51′16.00″	

3.1.2　主要污染物筛选

　　能造成海洋生态环境污染损害的污染物种类繁多。多年调查表明，我国近海海域主要污染物有营养盐类（氮、磷等）、有机物质、油类，局地还有汞、铅等重金属以及有机氯农药。其中氮、磷等营养盐类和有机物质其特点是污染范围广、污染程度重。这些污染物也是辽东湾，尤其是其近岸海域海水的主要污染物。全国海洋污染调查表明，辽东湾北部海域水质无机氮，无机磷以及 COD 的浓度在全国各海域中均居前列，油类含量也偏高。

　　以氮、磷为代表的营养盐类，是海洋生命系统中不可或缺的重要元素，但过量时，会对环境产生负面影响，即"富营养化"。轻则消耗海水中的溶解氧，导致海水缺氧，改变其生态环境，重则引发"赤潮"，对海洋生物尤其是海水养殖业造成严重损害。

　　COD 是衡量海水有机污染程度的综合指标，海水中有机物种类繁多，如碳水化合物、脂肪、腐殖质、水生物排泄物及残骸。这些物质在转化和分解过程中要消耗水中氧气，并在缺氧环境下产生腐败和发酵，使水质恶化。

辽东湾近岸海域水质的营养盐和有机物主要来自陆源排污。其中营养盐氮和磷主要源自农业化肥的施用。有资料记载，近30年间，辽东湾陆域地区化肥施用量增长了1.5倍，施用强度达到351.74 kg/hm²，是国际公约安全上限（225 kg/hm²）的1.5倍。有关研究表明，化肥的利用率仅为40%，未被利用部分则通过多种途径最终进入海域。以地表径流造成的氮的流失系数为0.05%、磷的流失系数为0.5%作为农田化肥入海系数，以2011年数据为例，当年辽东湾陆域地区化肥总施用量为124.8×10⁴ t，即有623.8 t氮和6238.2 t磷化肥汇入辽东湾，对海域面积不大的辽东湾而言，相当于每平方千米海域受纳几十至几百千克纯量化肥（图3-2）。常年累计下来，在辽东湾中残存的化肥数量相当可观，其中以氮肥所占比例最高。

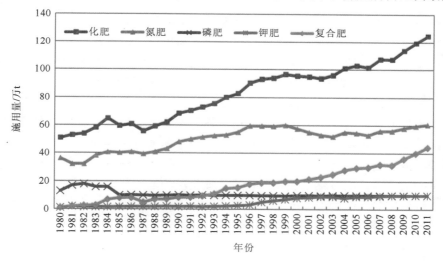

图3-2　1980～2011年辽东湾陆域化肥施用量变化情况

资料来源：基于"环境承载力的环渤海经济活动影响监测与调控技术"项目组，2016

以化学需氧量（COD$_{Cr}$）为指标的有机污染物主要来源于辽东湾陆域畜牧业的污染物排放。依据《中国环境经济核算技术指南》，辽东湾地区畜牧业化学需氧量污染物的排放入海系数为0.2，以此估算2011年该地区畜牧业养殖COD总污染负荷值为531.23×10⁴ t。

辽东湾沿岸河流是上述营养盐类和有机污染物的主要入海途径。据统计，2013年辽东湾沿岸主要河流排海的各种污染物总量约26.1万t，其中COD占83.7%，营养盐（无机氮、无机磷）占15.9%，两者合计占99.6%。因此很明显，COD、无机氮、无机磷是辽东湾的主要污染物，也是该海域陆源污染物排海总量控制的重点（表3-2）。

表 3-2　辽东湾沿岸主要河流排放入海的污染物量（2013 年）

河流名称	化学需氧量（COD_{Cr}）/t	无机氮/t	无机磷/t	油类/t	重金属/t	砷/t
大辽河	95 811	11 910	1 989	144	221	15.2
双台子河	83 526	1 903	133	122	22	3.2
大凌河	2 759	516	48	385	4	1.18
小凌河	15 753	1 671	17	34	63	0.47
六股河	14 345	3 641	60	21	29	0.31
碧流河	2 412	339	3	19	1	0.06
复州河	3 912	1 051	35	34	4	0.29
合计	218 516	39 223	2 285	759	344	20.7

3.1.3　模拟排污口设置

海洋污染源主要包括陆源污染源和海上污染源两大类。而陆源污染物排海途径包括河流入海口、直接入海排污口、混合入海排污口、市政排污口、市政污水处理厂排污口、沿岸滩涂养殖废水排放以及化肥和农药的面源排放等。

根据现有资料，辽东湾沿岸纳入统计的陆源污染物入海排污口仅 12 个（表 3-3 和图 3-3），且缺乏污染物排海通量数据。

由于目前掌握的辽东湾沿岸陆源污染物入海排污口数量较少且分布局限在个别地区，不能满足整个辽东湾近岸海域环境容量和入海污染物总量控制研究的实际需要。为此，本章依据《辽宁省海洋功能区划（2011—2020 年）》为海洋环境管理基础的理念，同时满足《环境容量计算反演法》的要求，除现有入海排污口外，在近岸重要功能区（如旅游休闲娱乐区，海洋保护区，渔业养殖区，港口航运区等）沿岸模拟设置 61 个入海排放口（表 3-4 和图 3-4），与现有 12 个入海排污口一起构成 73 个模拟污染源。

表 3-3　辽东湾沿岸现有入海排污口一览表

总排序号	名称	排入海域	经度（E）	纬度（N）
0202	六股河口入海口	六股河海域	120°30′20.00″	40°16′05.00″
0307	望海寺西排污口	连山湾海域	120°57′00.00″	40°43′00.00″
0403	五里河入海口	锦州湾海域	120°58′52.50″	40°45′50.00″
0406	元成排污口	锦州湾海域	121°01′35.00″	40°49′15.00″
0407	笔架山风景管理区排污口	锦州湾海域	121°03′45.00″	40°48′07.50″
0411	百股桥排污口	锦州湾海域	121°14′20.00″	40°48′45.00″
0501	二界沟入海口	双台子河口海域	121°56′22.50″	40°47′21.00″
0506	东双桥排污口	双台子河口海域	122°13′37.50″	40°27′18.00″
1001	交流岛电镀厂排污口	普兰店湾海域	121°17′49.20″	39°23′12.00″
1005	大化集团公司 1-2 号排污口	普兰店湾海域	121°43′48.00″	39°23′06.00″
1103	红旗河入海口	金州湾海域	121°39′42.00″	39°07′36.00″
1201	营城子工业园区排污口	营城子湾海域	121°20′44.00″	38°59′20.00″

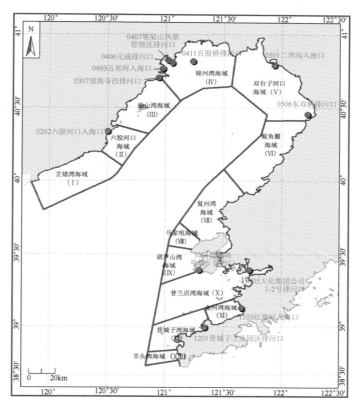

图 3-3 辽东湾近岸海区现有排污口设置示意图

表 3-4 辽东湾沿岸模拟排污口一览表

总排序号	计算海域（排污口数）	经度（E）	纬度（N）
0101	芷锚湾海域（4 个）	119°56′01.00″	40°02′04.00″
0102		120°00′02.00″	40°04′02.00″
0103		120°04′01.00″	40°05′01.00″
0104		120°24′00.00″	40°11′04.00″
0201	六股河口海域（2 个）	120°28′02.00″	40°13′02.00″
0202		120°30′20.00″	40°16′05.00″
0301	连山湾海域（7 个）	120°34′30.00″	40°23′30.00″
0302		120°35′30.00″	40°27′30.00″
0303		120°40′10.00″	40°30′00.00″
0304		120°40′30.00″	40°38′30.00″
0305		120°50′00.00″	40°40′30.00″
0306		120°54′00.00″	40°41′00.00″
0307		120°57′00.00″	40°43′00.00″
0401	锦州湾海域（11 个）	120°56′21.00″	40°41′30.00″
0402		121°00′05.00″	40°44′03.00″
0403		121°58′52.50″	40°45′50.00″

总排序号	计算海域（排污口数）	经度（E）	纬度（N）
0404		120°59′46.00″	40°47′52.50″
0405		120°59′46.00″	40°49′25.00″
0406		121°01′35.50″	40°49′15.00″
0407		121°03′45.50″	40°48′07.50″
0408	锦州湾海域（11 个）	121°05′07.50″	40°48′32.00″
0409		121°05′28.00″	40°50′52.00″
0410		121°08′51.00″	40°52′45.00″
0411		121°14′20.00″	40°48′45.00″
0501		121°56′22.50″	40°47′21.00″
0502		122°06′00.00″	40°39′07.50″
0503	双台子河口海域（6 个）	122°09′00.00″	40°34′37.00″
0504		122°11′50.00″	40°32′45.00″
0505		122°13′54.00″	40°31′10.00″
0506		122°13′37.50″	40°27′18.00″
0601		122°10′45.00″	40°23′00.00″
0602		122°04′48.00″	40°17′36.00″
0603		122°05′09.00″	40°16′07.50″
0604		122°02′08.70″	40°12′22.50″
0605	鲅鱼圈海域（10 个）	121°46′30.00″	40°09′52.50″
0606		121°59′34.50″	40°09′22.50″
0607		121°49′41.00″	40°01′38.00″
0608		121°51′05.00″	39°59′27.50″
0609		121°47′30.00″	39°58′05.00″
0610		121°43′30.00″	39°56′15.00″
0701		121°39′00.00″	39°55′20.00″
0702		121°36′47.00″	39°53′30.00″
0703		121°34′49.00″	39°52′45.00″
0704	复州湾海域（7 个）	121°28′50.00″	39°49″31.00
0705		121°28′00.00″	39°47′42.00″
0706		121°28′50.00″	39°43′08.00″
0707		121°23′00.00″	39°36′30.00″
0801	马家咀海域（1 个）	121°17′24.00″	39°34′52.00″
0901		121°13′02.40″	39°30′36.00″
0902		121°16′00.00″	39°30′36.00″
0903	葫芦山湾海域（5 个）	121°14′12.00″	39°27′36.00″
0904		121°13′48.00″	39°26′24.00″
0905		121°15′06.00″	39°23′02.40″
1001		121°17′49.20″	39°23′12.00″
1002		131°21′36.00″	39°22′06.00″
1003		121°26′30.00″	39°22′22.80″
1004	普兰店湾海域（9 个）	121°32′55.20″	39°18′54.00″
1005		121°43′48.00″	39°23′06.00″
1006		121°39′10.80″	39°18′49.20″

总排序号	计算海域（排污口数）	经度（E）	纬度（N）
1007	普兰店湾海域（9个）	121°39′10.80″	39°17′06.00″
1008		121°35′13.20″	39°14′37.20″
1009		121°35′13.20″	39°12′19.20″
1101	金州湾海域（8个）	121°34′48.00″	39°10′45.60″
1102		121°36′50.04″	39°09′43.20″
1103		121°39′42.04″	39°07′36.00″
1104		121°34′38.00″	39°07′09.60″
1105		121°36′48.00″	39°05′12.00″
1106		121°29′36.00″	39°02′25.20″
1107		121°27′25.20″	39°00′21.60″
1108		121°24′28.80″	39°02′00.00″
1201	营城子湾海域（2个）	121°20′44.00″	38°59′20.00″
1202		121°12′21.60″	38°56′06.60″
1301	羊头湾海域（1个）	121°07′56.40″	38°49′00.00″

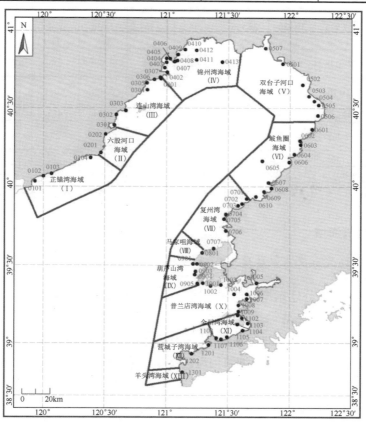

图3-4　辽东湾沿岸模拟排污口设置示意图

3.2　近岸各海区环境容量计算结果

辽东湾近岸各海区环境容量计算结果见于表 3-5。

表 3-5　辽东湾近岸海域环境容量计算结果　　　　　　（单位：t/a）

海域	COD			无机氮			无机磷		
	标准容量	现状容量	剩余容量	标准容量	现状容量	剩余容量	标准容量	现状容量	剩余容量
芷锚湾海域	25 300	14 903	10 397	2 530	701	1 829	252	164	88
六股河口海域	27 129	14 781	12 348	2 912	691	2 221	287	162	125
连山湾海域	23 210	10 502	12 708	2 859	185	2 674	269	86	183
锦州湾海域	195 092	64 495	130 597	19 506	40 825	−21 319	1 668	806	862
双台子河口海域	79 570	35 405	44 165	7 950	5 336	2 614	711	181	530
鲅鱼圈海域	342 735	157 347	185 388	34 273	23 261	11 012	3 283	490	2 793
复州湾海域	67 926	39 420	28 506	6 800	5 154	1 646	974	196	778
马家咀海域	1 856	352	1 504	185	17	168	15	1	14
葫芦山湾海域	27 228	5 365	21 863	2 723	394	2 329	275	120	155
普兰店湾海域	110 704	30 426	80 278	11 103	7 979	3 124	1 011	720	291
金州湾海域	43 179	18 469	24 710	4 318	5 172	−854	455	16	439
营城子湾海域	2 263	1 095	1 168	226	15	211	27	16	11
羊头湾海域	146	73	73	15	7	8	1	2	−1
合计	946 338	392 633	553 705	95 400	89 737	5 663	9 228	2 960	6 268

注：限于篇幅，表中标准环境容量、现状环境容量、剩余环境容量分别简称为标准容量、现状容量、剩余容量。下同。

3.2.1　芷锚湾海域

1. 海域功能分区与水质保护目标

芷锚湾海域地处辽东湾西部最南端，与河北省秦皇岛海域相连，大陆海岸线北起叨龙咀，南至环海寺，全长约 89.01 km。根据《辽宁省海洋功能区划（2011—2020 年）》（以下各海域功能区划均引自该资料），该海域分为 8 个功能区，其中旅游休闲娱乐区 2 个，工业与城镇用海区 2 个，港口航运区 1 个，农渔业区 1 个，保留区 2 个（图 3-5）。以上各功能区的环境保护目标见表 3-6。

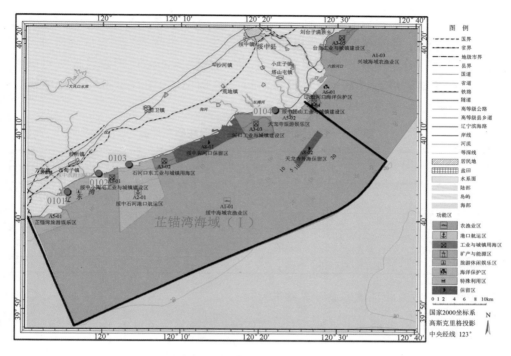

图 3-5 芷锚湾海域功能区划图

表 3-6 芷锚湾海域海洋功能区环境保护目标

序号	功能区名称	功能区类型	环境保护目标
01	芷锚湾旅游休闲娱乐区	旅游休闲娱乐区	海水质量执行不低于二类海水水质标准，沉积物质量和海洋生物质量执行不低于一类标准
02	绥中滨海工业与城镇用海区	工业与城镇用海区	海水质量执行不低于二类海水水质标准，沉积物质量和海洋生物质量执行不低于一类标准
03	石河口港口航运区	港口航运区	海水质量执行不低于三类海水水质标准，沉积物质量和海洋生物质量执行不低于二类标准
04	石河口东工业与城镇用海区	工业与城镇用海区	海水、沉积物、海洋生物质量标准不低于现状水平
05	狗河口保留区	保留区	海水、沉积物、海洋生物质量标准不低于现状水平
06	绥中海域农渔业区	农渔业区	海水质量执行不低于二类海水水质标准，沉积物质量和海洋生物质量执行不低于一类标准
07	天龙寺旅游休闲娱乐区	旅游休闲娱乐区	海水质量执行不低于二类海水水质标准，沉积物质量和海洋生物质量执行不低于一类标准
08	天龙寺外海保留区	保留区	海水、沉积物、海洋生物质量标准不低于现状水平

2. 模拟排污口设置

　　芷锚湾沿岸目前尚无较大规模的入海排污口，为预测该沿海地区陆源排污量逐年增长对芷锚湾海洋环境质量的影响，从而为实施陆源排污总量控制提供依据，拟在芷锚湾沿海设置 4 个模拟排污口，即 0101、0102、0103 和 0104 模拟源（图 3-4），其相邻海域功能区状况见表 3-7。

表 3-7　芷锚湾海域拟设排污口及相邻功能区

拟设排污口	临近海域功能区	功能区面积/km²	功能区污染物现状浓度/（mg/L）		
			COD	无机氮	无机磷
0101	芷锚湾旅游娱乐区	52.6	2.46	0.113	0.0260
0102	绥中滨海工业与城镇用海区	59.7	2.44	0.112	0.0258
0103	绥中石河港航运区	81.1	2.43	0.111	0.0261
0104	天龙寺旅游娱乐区	16.6	2.32	0.105	0.0240

3. 主要污染物环境容量计算结果

　　芷锚湾海域 COD、无机氮、无机磷环境容量计算结果见表 3-8。

表 3-8　芷锚湾海域环境容量计算结果　　　　（单位：t/a）

排污口	邻近功能区	COD			无机氮			无机磷		
		标准容量	现状容量	剩余容量	标准容量	现状容量	剩余容量	标准容量	现状容量	剩余容量
0101	芷锚湾旅游休闲娱乐区	3 424	2 295	1 129	342	106	236	37	24	13
0102	绥中滨海工业与城镇用海区	5 813	4 161	1 652	581	199	382	62	47	15
0103	石河口港口航运区	7 717	2 682	5 035	772	130	642	68	30	38
0104	天龙寺旅游休闲娱乐区	8 346	5 765	2 581	835	266	569	84	63	21
	合计	25 300	14 903	10 397	2 530	701	1 829	251	164	87

1）COD 环境容量

　　（1）标准环境容量。0104 排污口邻近功能区标准环境容量最大，为 8346 t/a；0103 排污口邻近功能区次之；0101 排污口邻近功能区最小。

　　（2）现状环境容量。0104 排污口邻近功能区现状环境容量最大，为 5765 t/a；0102 次之；0101 最小。

　　（3）剩余环境容量。0103 排污口邻近功能区剩余环境容量最大，为 5035 t/a；0104 次之；0101 最小。

　　由上表可见芷锚湾海域 COD 总的标准环境容量、现状环境容量和剩余环境容量分别为 25 300 t/a、14 903 t/a 和 10 397 t/a。其中天龙寺旅游休闲娱乐区 COD 的标准环境容量和现状环境容量最大，分别达到 8346 t/a 和 5765 t/a；而芷锚湾旅游休闲娱乐区三种环境容量均最小（图 3-6、图 3-7）。

图 3-6　芷锚湾 COD 标准环境容量图

图 3-7　芷锚湾 COD 现状环境容量图

　　2）无机氮环境容量

　　（1）标准环境容量。0104 排污口邻近功能区标准环境容量最大，为 835 t/a；0103 次之；0101 最小。

（2）现状环境容量。0104 排污口邻近功能区现状环境容量最大，为 266 t/a；0102 次之；0101 最小。

（3）剩余环境容量。0103 排污口邻近功能区剩余环境容量最大，为 642 t/a；0104 次之；0101 最小。

由表 3-8 可见，该海域无机氮总的标准、现状和剩余环境容量分别为 2530 t/a、701 t/a 和 1829 t/a（图 3-8、图 3-9）。

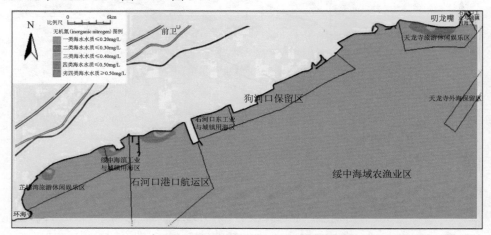

图 3-8　芷锚湾无机氮标准环境容量图

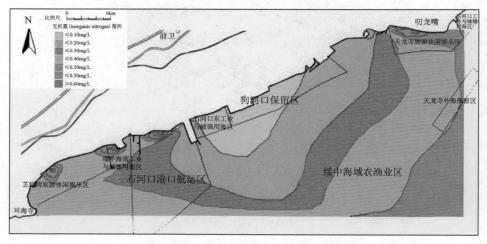

图 3-9　芷锚湾无机氮现状环境容量图

3）无机磷环境容量

（1）标准环境容量。0104 排污口邻近功能区标准环境容量最大，为 84 t/a；0103 次之；0101 最小。

（2）现状环境容量。0104 排污口邻近功能区现状环境容量最大，为 63 t/a；0102 次之；0101 最小。

（3）剩余环境容量。0103 排污口邻近功能区剩余环境容量最大，为 38 t/a；0104 次之；0101 最小。

表 3-8 表明，芷锚湾海域无机磷总的标准、现状和剩余环境容量分别为 251 t/a、164 t/a 和 87 t/a（图 3-10、图 3-11）。

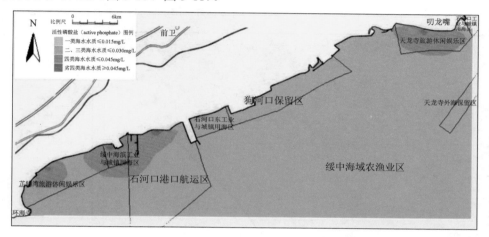

图 3-10　芷锚湾无机磷标准环境容量图

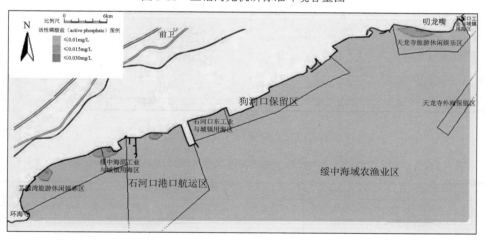

图 3-11　芷锚湾无机磷现状环境容量图

总之，计算结果表明，芷锚湾海域 COD、无机氮和无机磷仍有较大剩余环境容量，目前水质均能满足该海域各功能区的目标要求。

3.2.2　六股河口海域

1.　海域功能分区与水质保护目标

六股河口海域地处辽东湾西部,大陆海岸线北起长山寺角,南至叼龙咀,全长约 36.40 km。该海域分为四个功能区,其中海洋保护区 1 个,工业与城镇用海区 2 个,港口航运区 1 个(图 3-12)。各功能区的环境保护目标见表 3-9。

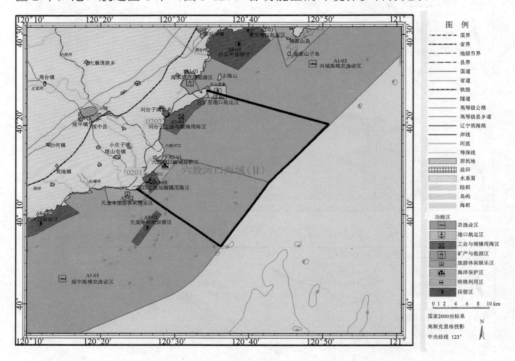

图 3-12　六股河口海域功能区划图

表 3-9　六股河口海域海洋功能区环境保护目标

序号	功能区名称	功能区类型	环境保护目标
01	二河口工业与城镇用海区	工业与城镇用海区	海水质量执行不低于二类海水水质标准,沉积物质量和海洋生物质量执行不低于一类标准
02	六股河口海洋保护区	海洋保护区	海水、沉积物和海洋生物质量执行不低于国家一类标准
03	刘台子工业与城镇用海区	工业与城镇用海区	海水质量执行不低于二类海水水质标准,沉积物质量和海洋生物质量执行不低于一类标准
04	台子里港口航运区	港口航运区	海水质量执行不低于二类海水水质标准,沉积物质量和海洋生物质量执行不低于一类标准

2. 模拟排污口设置

六股河口沿岸目前尚无较大规模的沿海污染源，为预测该沿海地区陆源排污量逐年增长对六股河口海域环境质量的影响，从而为实施陆源排污总量控制提供依据，拟在六股河口沿海设置 2 个模拟排污口，即 0201 和 0202 模拟源（图 3-12），其相邻海域功能区见表 3-10。

表 3-10 六股河口海域拟设排污口及相邻功能区

拟设排污口	邻近海域功能区	功能区面积/km²	功能区污染物现状浓度/（mg/L）		
			COD	无机氮	无机磷
0201	二河口工业与城镇用海区	6.2	2.42	0.111	0.0252
0202	刘台子工业与城镇用海区；台子里港口航运区	28.2	1.78	0.112	0.0260

3. 主要污染物环境容量计算结果

六股河口海域 COD、无机氮、无机磷环境容量计算结果见表 3-11。

表 3-11 六股河口海域环境容量计算结果 （单位：t/a）

排污口	邻近功能区	COD			无机氮			无机磷		
		标准容量	现状容量	剩余容量	标准容量	现状容量	剩余容量	标准容量	现状容量	剩余容量
0201	二河口工业与城镇用海区	2 864	1 580	1 284	286	74	212	34	17	16
0202	刘台子工业与城镇用海区	24 264	13 201	11 063	2 426	617	1 809	253	145	108
合计		27 128	14 781	12 347	2 712	691	2 021	287	162	124

1）COD 环境容量

（1）标准环境容量。0202 排污口邻近功能区 COD 标准环境容量为 24 264 t/a，远大于 0201 排污口邻近功能区（图 3-13）。

（2）现状环境容量。0202 排污口邻近功能区 COD 现状环境容量为 13 201 t/a，也远大于 0201 排污口邻近海域（图 3-14）。

（3）剩余环境容量。六股河口海域 COD 剩余环境容量依然是 0202 排污口邻近功能区大于 0201 排污口邻近功能区。

综上所述，六股河口海域 COD 总的标准环境容量为 27 128 t/a、现状环境容量为 147 781 t/a、剩余环境容量为 12 347 t/a（表 3-11）。

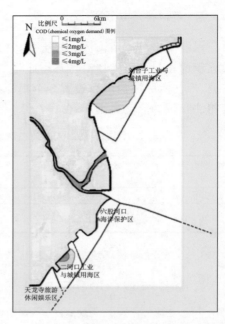

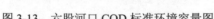

　图 3-13　六股河口 COD 标准环境容量图　　　图 3-14　六股河口 COD 现状环境容量图

2）无机氮环境容量

（1）标准环境容量。0201 排污口邻近功能区无机氮的标准环境容量为 286 t/a，远小于 0202 排污口邻近功能区 2426 t/a（图 3-15）。

（2）现状环境容量。0201 和 0202 排污口邻近功能区无机氮的现状环境容量分别为 74 t/a 和 617 t/a。也是 0202 大于 0201（图 3-16）。

（3）剩余环境容量。0201 和 0202 排污口邻近功能区无机氮的剩余环境容量分别为 212 t/a 和 1809 t/a，0202 远大于 0201。

由此六股河口海域无机氮的标准环境容量为 2712 t/a，现状环境容量为 691 t/a，剩余环境容量为 2021 t/a（表 3-11）。

3）无机磷环境容量

（1）标准环境容量。0201 和 0202 排污口邻近功能区无机磷的标准环境容量分别为 34 t/a 和 253 t/a。0202 大于 0201（图 3-17）。

（2）现状环境容量。无机磷的现状环境容量 0201 排污口邻近功能区为 17 t/a，0202 为 145 t/a。仍是 0202 大于 0201（图 3-18）。

（3）剩余环境容量。剩余环境容量 0201 和 0202 排污口邻近功能区分别为 16 t/a 和 108 t/a。

因此，该海域无机磷总的标准环境容量为 286 t/a、现状环境容量为 162 t/a、剩余环境容量为 124 t/a（表 3-11）。

图 3-15　六股河口无机氮标准环境容量图

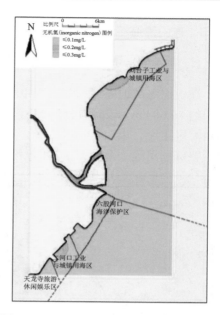

图 3-16　六股河口无机氮现状环境容量图

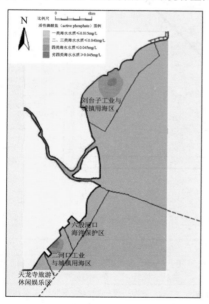

图 3-17　六股河口无机磷标准环境容量图

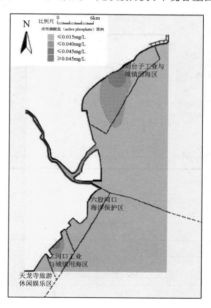

图 3-18　六股河口无机磷现状环境容量图

3.2.3 连山湾海域

1. 海域功能分区与水质保护目标

连山湾海域地处辽东湾西侧中段，大陆海岸线南起长山寺角，北至望海寺，总长约 86.68 km。该海域分为 11 个功能区，其中旅游休闲娱乐区 3 个，工业与城镇用海区 1 个，港口航运区 1 个，农渔业区 2 个，保留区 2 个，矿产与能源区 1 个，特殊利用区 1 个（图 3-19）。各功能区的环境保护目标见表 3-12。

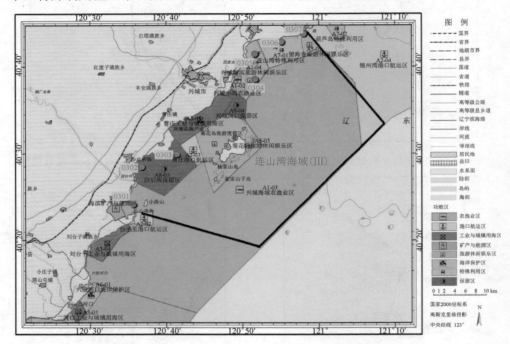

图 3-19　连山湾海域功能区划图

表 3-12　连山湾海域海洋功能区环境保护目标

序号	功能区名称	功能区类型	环境保护目标
01	海滨矿产与能源区	矿产与能源区	海水质量执行不低于二类海水水质标准，沉积物质量和海洋生物质量执行不低于一类标准
02	沙后所保留区	保留区	海水、沉积物、海洋生物质量标准执行不低于现状水平
03	曹庄港口航运区	港口航运区	海水质量执行不低于二类海水水质标准，沉积物质量和海洋生物质量执行不低于一类标准
04	曹庄工业与城镇用海区	工业与城镇用海区	海水质量执行不低于二类海水水质标准，沉积物质量和海洋生物质量执行不低于一类标准
05	菊花岛旅游休闲娱乐区	旅游休闲娱乐区	海水质量执行不低于二类海水水质标准，沉积物质量和海洋生物质量执行不低于一类标准

续表

序号	功能区名称	功能区类型	环境保护目标
06	兴城河口保留区	保留区	海水、沉积物、海洋生物质量标准执行不低于现状水平
07	兴城海滨旅游休闲娱乐区	旅游休闲娱乐区	海水质量执行不低于二类海水水质标准，沉积物质量和海洋生物质量执行不低于一类标准
08	兴城小坞农渔业区	农渔业区	海水质量执行不低于二类海水水质标准，沉积物质量和海洋生物质量执行不低于一类标准
09	连山湾特殊利用区	特殊利用区	海水、沉积物、海洋生物质量标准执行不低于现状水平
10	望海寺旅游休闲娱乐区	旅游休闲娱乐区	海水质量执行不低于二类海水水质标准，沉积物质量和海洋生物质量执行不低于一类标准
11	兴城海域农渔业区	农渔业区	海水质量执行不低于二类海水水质标准，沉积物质量和海洋生物质量执行不低于一类标准

2. 模拟排污口设置

为预测连山湾沿海地区陆源排污量逐年增长对连山湾海洋环境质量的影响，从而为实施陆源排污总量控制提供依据，拟在连山湾沿海设置 7 个模拟排污口，即 0301～0307 模拟源（图 3-19）。其相邻海域功能区状况见表 3-13。

表 3-13　连山湾海域拟设排污口及相邻功能区

拟设排污口	邻近海域功能区	功能区面积/km²	功能区污染物现状浓度/（mg/L）		
			COD	无机氮	无机磷
0301	滨海矿产与能源区	9.1	1.54	0.042	0.0190
0302	沙后所保留区	67.7	1.55	0.041	0.0189
0303	沙后所保留区	80.0	1.54	0.042	0.0180
0304	兴城海滨旅游休闲娱乐区	39.3	1.53	0.041	0.0180
0305	兴城海滨旅游休闲娱乐区	39.3	1.51	0.042	0.0191
0306	连山湾特殊利用区	34.8	1.54	0.043	0.0182
0307	望海寺旅游休闲娱乐区	45.0	1.55	0.043	0.0187

3. 主要污染物环境容量计算结果

连山湾海域 COD、无机氮、无机磷环境容量计算结果见表 3-14。

表 3-14　连山湾海域环境容量计算结果　　　　　（单位：t/a）

排污口	功能区	COD			无机氮			无机磷		
		标准容量	现状容量	剩余容量	标准容量	现状容量	剩余容量	标准容量	现状容量	剩余容量
0301	滨海矿产与能源区	86	244	-158	33	4	29	3	2	1
0302	沙后所保留区	367	389	-22	80	8	72	8	4	4
0303	曹庄港口航运区	14	2 208	-2 194	1	1	0	1	1	0
0304	兴城海滨旅游休闲娱乐区	5 890	3 597	2 293	800	81	719	80	37	43
0305	兴城海滨旅游休闲娱乐区	295	358	-63	81	8	73	8	4	4

续表

排污口	功能区	COD			无机氮			无机磷		
		标准容量	现状容量	剩余容量	标准容量	现状容量	剩余容量	标准容量	现状容量	剩余容量
0306	连山湾特殊利用区	2 555	1 790	765	356	44	312	43	18	25
0307	望海寺旅游休闲娱乐区	14 002	1 916	12 086	1 507	39	1 468	125	20	105
	合计	23 209	10 502	12 707	2 858	185	2 673	268	86	182

1）COD 环境容量

（1）标准环境容量。0307 排污口邻近功能区 COD 标准环境容量最大，为 14 002 t/a；0304 排污口邻近海域次之；0303 排污口邻近海域最小（图 3-20）。

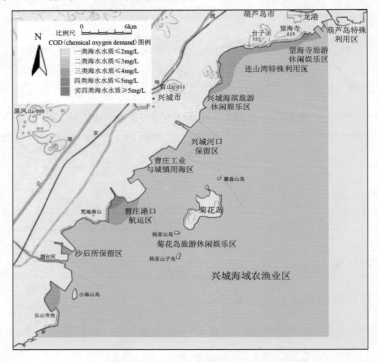

图 3-20　连山湾 COD 标准环境容量图

（2）现状环境容量。0304 排污口邻近功能区 COD 现状环境容量最大，为 3597 t/a；0301 排污口邻近海域最小，为 244 t/a（图 3-21）。

（3）剩余环境容量。0307 排污口邻近功能区 COD 剩余环境容量最大，为 12 086 t/a；0301、0302、0303 和 0305 排污口邻近功能区 COD 现状浓度均已不同程度地超过各自功能区的水质要求，剩余环境容量均出现负值，表现为超标。

　　连山湾海域总的标准、现状和剩余环境容量分别为 23 209 t/a、10 502 t/a 和 12 707 t/a（表 3-14）。

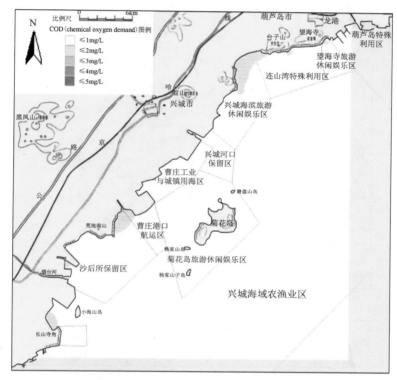

图 3-21　连山湾 COD 现状环境容量图

　　2）无机氮环境容量

　　（1）标准环境容量。0307 排污口邻近功能区无机氮标准环境容量最大，为 1507 t/a；0303 排污口邻近海域仅约 1 t/a（图 3-22）。

　　（2）现状环境容量。0304 排污口邻近功能区无机氮现状环境容量最大，为 81 t/a；0303 排污口邻近海域最小，仅为 1 t/a（图 3-23）。

　　（3）剩余环境容量。0307 排污口邻近功能区无机氮剩余环境容量最大，为 1468 t/a；0303 排污口邻近功能区仍是最小，约 0 t/a。

　　由表 3-14 可知，连山湾海域无机氮总的标准、现状、剩余环境容量分别为 2858 t/a，185 t/a 和 2673 t/a。

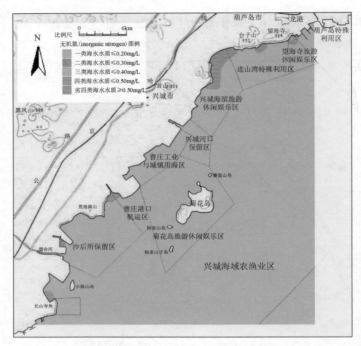

图 3-22　连山湾无机氮标准环境容量

图 3-23　连山湾无机氮现状环境容量

3）无机磷环境容量

（1）标准环境容量。0307 排污口邻近功能区无机磷标准环境容量最大，为 125 t/a；0303 排污口邻近功能区最小，为 1 t/a（图 3-24）。

图 3-24　连山湾无机磷标准环境容量图

（2）现状环境容量。0304 排污口邻近功能区无机磷现状环境容量最大，为 37 t/a；0303 排污口邻近功能区最小，也为 1t/a（图 3-25）。

（3）剩余环境容量。0307 排污口邻近功能区无机磷剩余环境容量最大，为 105 t/a；0303 排污口处邻近功能区水质无机磷已略有超标。

总之，连山湾海域无机磷总的标准、现状、剩余环境容量分别为 268 t/a、86 t/a 和 182 t/a（表 3-14）。

图 3-25　连山湾无机磷现状环境容量图

3.2.4　锦州湾海域

1. 海域功能分区与水质保护目标

锦州湾海域岸线东起双台子河口西侧，西到葫芦岛南部海域，北起大凌河口东岸，南至望海寺，全长约 171.5 km，包括大凌河口、小凌河口、锦州湾，港口有锦州港、葫芦岛港、龙栖港，锚地，航道、矿产区及大笔架山风景区。该海域分为 14 个功能区，其中旅游休闲娱乐区 1 个，工业与城镇用海区 3 个，港口航运区 2 个，农渔业区 2 个，保留区 2 个，矿产与能源区 1 个，特殊利用区 1 个，海洋保护区 1 个（图 3-26）。各功能区的环境保护目标见表 3-15。

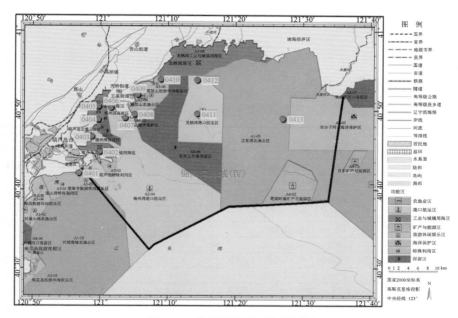

图 3-26 锦州湾海域功能区划图

表 3-15 锦州湾海域海洋功能区环境保护目标

序号	功能区名称	功能区类型	环境保护目标
01	锦州湾港口航运区	港口航运区	海水质量执行不低于三类海水水质标准,沉积物质量和海洋生物质量执行二类标准
02	葫芦岛特殊利用区	特殊利用区	海水、沉积物、海洋生物质量标准执行不低于现状水平
03	葫芦岛北港工业与城镇用海区	工业与城镇用海区	海水质量执行不低于三类海水水质标准,沉积物质量和海洋生物质量执行二类标准
04	锦州湾工业与城镇用海区	工业与城镇用海区	海水质量执行不低于三类海水水质标准,沉积物质量和海洋生物质量执行二类标准
05	锦州湾保留区	保留区	区域海水、沉积物、海洋生物质量标准执行不低于现状水平
06	大笔架山海洋保护区	海洋保护区	重点加强海岛与旅游区环境治理,保护大笔架山岸线与岛礁,海水质量执行不低于二类海水水质标准,沉积物质量和海洋生物质量执行一类标准
07	小笔架山旅游休闲娱乐区	旅游休闲娱乐区	海水质量执行不低于二类海水水质标准,沉积物质量和海洋生物质量执行一类标准
08	小笔架山农渔业区	农渔业区	海水质量执行不低于二类海水水质标准,沉积物质量和海洋生物质量执行一类标准
09	笔架山外海保留区	保留区	海水、沉积物、海洋生物质量标准执行不低于现状水平
10	龙栖湾港口航运区	港口航运区	海水质量执行不低于三类海水水质标准,沉积物质量和海洋生物质量执行二类标准
11	龙栖湾工业与城镇用海区	工业与城镇用海区	海水质量执行不低于三类海水水质标准,沉积物质量和海洋生物质量执行二类标准
12	辽东湾农渔业区	农渔业区	海水质量执行不低于二类海水水质标准,沉积物质量和海洋生物质量执行一类标准
13	笔架岭南矿产与能源区	矿产与能源区	海水、沉积物、海洋生物质量标准执行不低于现状水平
14	双台子河口海洋保护区	海洋保护区	海水质量执行不低于一类海水水质标准,沉积物质量和海洋生物质量执行一类标准

2. 模拟排污口设置

锦州湾沿岸共设置 11 个模拟排污口，即 0401~0411 模拟源（图 3-26），其相邻海域功能区状况见表 3-16。

表 3-16 锦州湾海域拟设排污口及相邻功能区

拟设排污口	邻近海域功能区	功能区面积/km²	功能区污染物现状浓度/（mg/L）		
			COD	无机氮	无机磷
0401	连山湾特殊利用区；望海寺旅游休闲娱乐区	45.0	1.45	0.611	0.0112
0402	葫芦岛北港工业与城镇用海区	14.9	1.36	0.926	0.0147
0403	锦州湾保留区；锦州湾港口航运区	441.0	1.29	0.770	0.0139
0404	锦州湾工业与城镇用海区	27.5	0.88	0.543	0.0101
0405	锦州湾工业与城镇用海区	27.5	1.23	0.602	0.0125
0406	锦州湾港口航运区	429.7	1.36	0.874	0.0148
0407	大笔架山海洋保护区；锦州湾港口航运区	435.5	1.18	0.665	0.0135
0408	大笔架山海洋保护区	5.8	1.43	0.606	0.0100
0409	小笔架山农渔业区；小笔架山旅游休闲娱乐区	46.5	1.48	0.708	0.0100
0410	小笔架山旅游休闲娱乐区；龙栖湾工业与城镇用海区	157.9	1.23	0.680	0.0090
0411	龙栖湾港口航运区	118.3	0.81	0.637	0.0148

3. 主要污染物环境容量计算结果

锦州湾海域 COD、无机氮、无机磷环境容量计算结果见表 3-17。

表 3-17 锦州湾海域环境容量计算结果　　　　　　（单位：t/a）

排污口	功能区	COD			无机氮			无机磷		
		标准容量	现状容量	剩余容量	标准容量	现状容量	剩余容量	标准容量	现状容量	剩余容量
0401	望海寺旅游休闲娱乐区	7 738	4 781	2 957	774	2 011	-1 237	81	39	42
0402	葫芦岛特殊利用区	8 285	3 212	5 073	828	2 288	-1 460	60	35	25
0403	锦州湾港口航运区	6 935	1 788	5 147	693	1 062	-369	65	19	46
0404	锦州湾工业与城镇用海区	15 184	3 248	11 936	1 518	2 252	-734	110	40	70
0405	锦州湾工业与城镇用海区	15 695	5 584	10 111	1 569	2 668	-1 099	114	56	58
0406	锦州湾港口航运区	8 942	2 226	6 716	894	1 624	-730	86	25	61
0407	锦州湾港口航运区	26 791	5 548	21 243	2 679	3 106	-427	250	69	181
0408	大笔架山海洋保护区	6 825	3 321	3 504	682	1 047	-365	73	24	49
0409	小笔架山旅游休闲娱乐区	11 826	5 986	5 840	1 183	2 891	-1 708	119	39	80
0410	龙栖湾工业与城镇用海区	18 070	9 234	8 870	1 807	5 092	-3 285	184	65	119
0411	龙栖湾港口航运区	68 766	19 564	49 202	6 877	16 783	-9 906	527	394	133
合计		195 091	64 492	130 599	19 504	40 824	-21 320	1 669	805	864

1) COD 环境容量

（1）标准环境容量。0411 排污口邻近功能区 COD 标准环境容量最大，为 68 766 t/a；0408 排污口附近海域最小，为 6825 t/a（图3-27）。

（2）现状环境容量。0411 排污口邻近功能区 COD 现状环境容量最大，为 19 564 t/a；0403 排污口最小，为 1788 t/a（图3-28）。

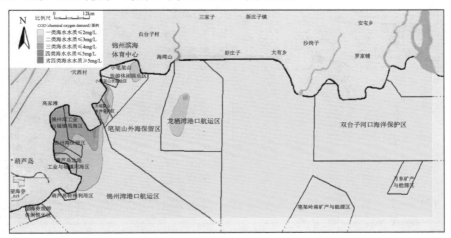

图 3-27　锦州湾 COD 标准环境容量图

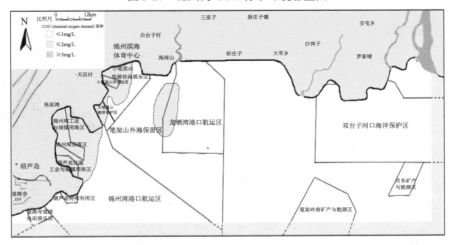

图 3-28　锦州湾 COD 现状环境容量图

（3）剩余环境容量。0411 排污口邻近功能区 COD 剩余环境容量最大，为 49 202 t/a；0401 排污口最小，为 2957 t/a。

锦州湾海域 COD 总的标准环境容量为 195 091 t/a，现状环境容量为 64 492 t/a，剩余环境容量为 130 599 t/a（表 3-18）。

2）无机氮环境容量

（1）标准环境容量。0411 排污口邻近功能区无机氮标准环境容量最大，为 6877 t/a；0408 排污口邻近功能区最小，为 682 t/a（图 3-29）。

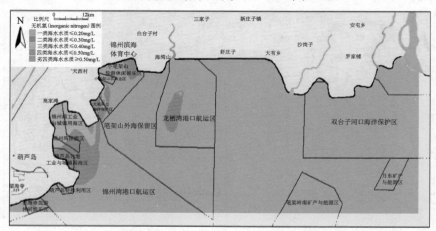

图 3-29   锦州湾无机氮标准环境容量图

（2）现状环境容量。0411 排污口邻近功能区无机氮现状环境容量最大，为 16 783 t/a；0408 排污口邻近功能区最小，为 1047 t/a（图 3-30）。

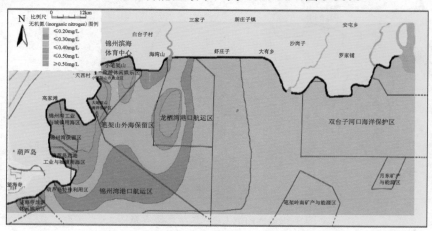

图 3-30   锦州湾无机氮现状环境容量图

（3）剩余环境容量。该海域 11 个排污口邻近功能区无机氮的现状浓度均超标，已能满足功能区对水质无机氮的要求。其中 0411 排污口邻近功能区超标最多达 9906 t/a，其余超标在 369～3285 t/a。

3）无机磷环境容量

（1）标准环境容量。0411 排污口邻近功能区无机磷标准环境容量最大，为 527 t/a；0402 排污口邻近功能区最小，为 60 t/a（图 3-31）。

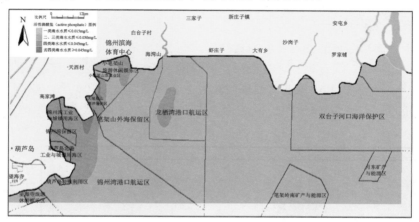

图 3-31 锦州湾无机磷标准环境容量图

（2）现状环境容量。0411 排污口邻近功能区无机磷现状环境容量最大，为 394 t/a；0403 排污口邻近功能区最小，为 19 t/a（图 3-32）。

图 3-32 锦州湾无机磷现状环境容量图

（3）剩余环境容量。0407 排污口邻近功能区无机磷剩余环境容量最大，为
181 t/a；0402 排污口邻近功能区最小，为 25 t/a。

综上，锦州湾海域无机磷总的标准环境容量为 1669 t/a，现状总环境容量为
805 t/a，剩余总环境容量为 864 t/a（表 3-17）。

3.2.5 双台子河口海域

1. 海域功能分区与水质保护目标

双台子河口海域北起双台子河口西岸，南到盖州角，大陆岸线全长约 160.4 km。
包括双台子河口、大辽河口、盘锦港、营口港、营口沿海工业区等水域。该海域
分为 10 个功能区，其中工业与城镇用海区 2 个，港口航运区 1 个，保留区 2 个，
矿产与能源区 3 个，海洋保护区 2 个（图 3-33）。各功能区的环境保护目标见
表 3-18。

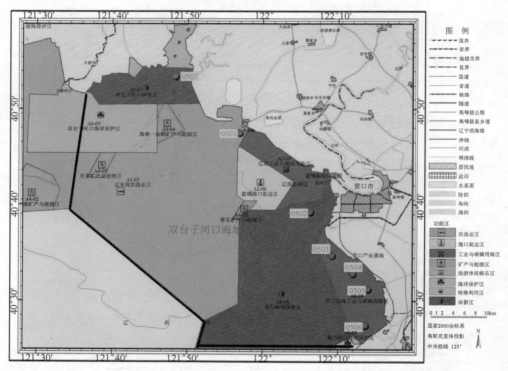

图 3-33　双台子河口海域功能区划图

表 3-18 双台子河口海域海洋功能区环境保护目标

序号	功能区名称	功能区类型	环境保护目标
01	月东矿产与能源区	矿产与能源区	海水、沉积物、海洋生物质量标准不低于现状水平
02	双台子河口海洋保护区	海洋保护区	海水质量执行不低于一类海水水质标准,沉积物质量和海洋生物质量执行一类标准
03	海南—仙鹤矿产与能源区	矿产与能源区	海水、沉积物、海洋生物质量标准不低于现状水平
04	双台子河口保留区	保留区	海水、沉积物、海洋生物质量标准不低于现状水平
05	辽滨工业与城镇用海区	工业与城镇用海区	海水质量执行不低于二类海水水质标准,沉积物质量和海洋生物质量执行一类标准
06	盘锦港口航运区	港口航运区	海水质量执行不低于三类海水水质标准,沉积物质量和海洋生物质量执行二类标准
07	葵花矿产与能源区	矿产与能源区	海水、沉积物、海洋生物质量标准不低于现状水平
08	营口海域保留区	保留区	海水质量执行不低于二类海水水质标准,沉积物质量和海洋生物质量执行一类标准
09	营口沿海工业与城镇用海区	工业与城镇用海区	海水质量执行不低于三类海水水质标准,沉积物质量和海洋生物质量执行二类标准
10	盖州团山海洋保护区	海洋保护区	海水质量执行不低于二类海水水质标准,沉积物质量和海洋生物质量执行一类标准

2. 模拟排污口设置

为预测双台子河口沿海地区陆源排污量逐年增长对双台子河口海洋环境质量的影响,从而为实施陆源排污总量控制提供依据,拟在双台子河口沿海设置 6 个模拟排污口,即 0501～0506 模拟源(图 3-32),其中:0501、0502 源分别在二界沟和大辽河口,0503～0506 在营口沿海工业区内。其相邻海域功能区状况见表 3-19。

表 3-19 双台子河口海域拟设排污口及相邻功能区

拟设排污口	邻近海域功能区	功能区面积/km²	功能区污染物现状浓度/(mg/L)		
			COD	无机氮	无机磷
0501	辽滨工业与城镇用海区;盘锦港口航运区;辽东湾农渔业区	1599.4	0.89	0.304	0.0141
0502	营口海域保留区	638.0	2.01	0.106	0.0070
0503	营口沿海工业与城镇用海区	139.7	1.83	0.184	0.0071
0504	营口沿海工业与城镇用海区	139.7	1.85	0.191	0.0070
0505	营口沿海工业与城镇用海区	139.7	1.94	0.170	0.0070
0506	营口沿海工业与城镇用海区	139.7	0.86	0.155	0.0078

3. 主要污染物环境容量计算结果

双台子河口海域 COD、无机氮、无机磷环境容量计算结果见表 3-20。

表 3-20　双台子河口海域环境容量计算结果　　　（单位：t/a）

排污口	功能区	COD			无机氮			无机磷		
		标准容量	现状容量	剩余容量	标准容量	现状容量	剩余容量	标准容量	现状容量	剩余容量
0501	辽滨工业与城镇用海区	16 571	7 920	8 651	1 661	2 719	-1 058	174	104	70
0502	营口海域保留区	16 060	11 643	4 417	1 610	617	993	170	25	145
0503	营口沿海工业与城镇用海区	8 249	3 759	4 490	821	383	438	64	10	54
0504	营口沿海工业与城镇用海区	10 585	4 927	5 658	1 055	500	555	83	12	71
0505	营口沿海工业与城镇用海区	4 343	2 153	2 190	434	186	248	32	9	23
0506	营口沿海工业与城镇用海区	23 761	5 000	18 761	2 369	931	1 438	186	22	164
	合计	79 569	35 402	44 167	7 950	5 336	2 614	709	182	527

1）COD 环境容量

（1）标准环境容量。0506 排污口邻近功能区 COD 标准环境容量最大，为 23 761 t/a；0505 排污口邻近功能区最小，为 4343 t/a（图 3-34）。

图 3-34　双台子河口 COD 标准环境容量图

（2）现状环境容量。0502 排污口邻近功能区 COD 现状环境容量最大，为11 643 t/a；0505 排污口邻近功能区最小，为 2153 t/a（图 3-35）。

（3）剩余环境容量。0506 排污口邻近功能区 COD 剩余环境容量最大，为18 761 t/a；0505 排污口邻近功能区最小，为 2190 t/a。

综上，双台子河口海域COD总的标准、现状和剩余环境容量分别为79 569 t/a，35 402 t/a 和 44 167 t/a。详见表 3-20。

图 3-35　双台子河口 COD 现状环境容量图

2）无机氮环境容量

（1）标准环境容量。0506 排污口邻近功能区无机氮标准环境容量最大，为2369 t/a；0505 排污口邻近功能区最小，为 434 t/a（图 3-36）。

（2）现状环境容量。0501 排污口邻近功能区无机氮现状环境容量最大，为2719 t/a；0505 排污口邻近功能区最小，为 186 t/a（图 3-37）。

（3）剩余环境容量。0506 排污口邻近功能区无机氮剩余环境容量最大，为1438 t/a；0505 排污口邻近功能区最小，仅 248 t/a。而 0501 排污口邻近功能区无机氮现状浓度已超标，剩余环境容量出现负值。

综上，双台子河口海域无机氮总的标准、现状和剩余环境容量分别为7950 t/a，5336 t/a 和 2614 t/a（表 3-20）。

图 3-36　双台子河口无机氮标准环境容量图

图 3-37　双台子河口无机氮现状环境容量图

3）无机磷环境容量

（1）标准环境容量。0506 排污口邻近功能区无机磷标准环境容量最大，为 186 t/a；0505 排污口邻近功能区最小，为 32 t/a（图 3-38）。

（2）现状环境容量。0501 排污口邻近功能区无机磷现状环境容量最大，为 104 t/a；0505 排污口邻近功能区最小，约 9 t/a（图 3-39）。

（3）剩余环境容量。0506 排污口邻近功能区无机磷剩余环境容量最大，为 164 t/a；0505 排污口邻近功能区最小，仅 23 t/a。

图 3-38　双台子河口无机磷标准环境容量图

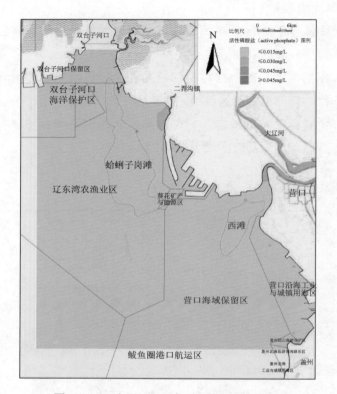

图 3-39　双台子河口无机磷现状环境容量图

综上,双台子河口海域无机磷总的标准、现状和剩余环境容量分别为 709 t/a,
182 t/a 和 527 t/a(表 3-20)。

3.2.6　鲅鱼圈海域

1. 海域功能分区与水质保护目标

鲅鱼圈海域北起盖州角,南到太平湾,大陆岸线全长约 134.7 km。该海域共
划分为 14 个功能区,其中旅游休闲娱乐区 3 个,工业与城镇用海区 2 个,港口航
运区 3 个,农渔业区 3 个,保留区 1 个,矿产与能源区 1 个,海洋保护区 1
个(图 3-40)。以上各功能区的环境保护目标见表 3-21。

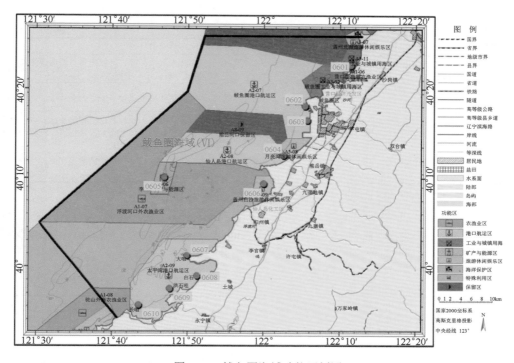

图 3-40   鲅鱼圈海域功能区划图

表 3-21   鲅鱼圈海域海洋功能区环境保护目标

序号	功能区名称	功能区类型	环境保护目标
01	盖州北海旅游休闲娱乐区	旅游休闲娱乐区	海水质量执行不低于二类海水水质标准，沉积物质量和海洋生物质量执行一类标准
02	盖州北海工业与城镇用海区	工业与城镇用海区	海水质量执行不低于三类海水水质标准，沉积物质量和海洋生物质量执行二类标准
03	营口望海寨农渔业区	农渔业区	海水质量执行不低于二类海水水质标准，沉积物质量和海洋生物质量执行不低于一类标准
04	鲅鱼圈工业与城镇用海区	工业与城镇用海区	海水质量执行不低于三类海水水质标准，沉积物质量和海洋生物质量执行二类标准
05	鲅鱼圈港口航运区	港口航运区	海水质量执行不低于三类海水水质标准，沉积物质量和海洋生物质量执行二类标准
06	月亮湾旅游休闲娱乐区	旅游休闲娱乐区	区域海水、沉积物、海洋生物质量标准不低于现状水平
07	熊岳河口保留区	保留区	海水、沉积物、海洋生物质量标准不低于现状水平
08	仙人岛港口航运区	港口航运区	海水质量执行不低于二类海水水质标准，沉积物质量和海洋生物质量执行一类标准
09	浮渡河口外农渔业区	农渔业区	海水质量执行不低于二类海水水质标准，沉积物质量和海洋生物质量执行不低于一类标准
10	李家礁矿产与能源区	矿产与能源区	海水质量执行不低于二类海水水质标准，沉积物质量和海洋生物质量执行不低于一类标准

续表

序号	功能区名称	功能区类型	环境保护目标
11	盖州白沙湾旅游休闲娱乐区	旅游休闲娱乐区	海水质量执行不低于二类海水水质标准、沉积物质量和海洋生物质量执行不低于一类标准
12	大连斑海豹海洋保护区	海洋保护区	海水、沉积物和海洋生物质量执行不低于一类标准
13	太平湾港口航运区	港口航运区	港池海水质量执行不低于三类海水水质标准，沉积物质量和海洋生物质量执行二类标准。港区其他区域水质为二类标准，沉积物和海洋生物质量均为一类标准
14	驼山外海农渔业区	农渔业区	海水质量执行不低于二类海水水质标准，沉积物质量和海洋生物质量执行不低于一类标准

2. 模拟排污口设置

鲅鱼圈沿海设置 10 个模拟排污口，即 0601～0610 模拟源（图 3-40），其相邻海域功能区状况见表 3-22。

表 3-22　鲅鱼圈海域拟设污染源及相邻功能区

拟设排污口	邻近海域功能区	功能区面积/km²	功能区污染物实测现状浓度/(mg/L)		
			COD	无机氮	无机磷
0601	盖州北海工业与城镇用海区；盖州北海旅游休闲娱乐区	14.7	1.69	0.259	0.0031
0602	鲅鱼圈港口航运区	283.3	1.55	0.290	0.0041
0603	鲅鱼圈港口航运区	283.3	1.63	0.326	0.0045
0604	月亮湾旅游休闲娱乐区；仙人岛港口航运区	136.0	1.72	0.314	0.0053
0605	李家礁矿产与能源区	20.8	0.99	0.114	0.0031
0606	盖州白沙湾旅游休闲娱乐区	17.3	1.92	0.403	0.0087
0607	太平湾港口航运区	158.2	2.02	0.193	0.0014
0608	太平湾港口航运区	158.2	2.23	0.206	0.0017
0609	太平湾港口航运区	158.2	1.92	0.176	0.0015
0610	太平湾港口航运区；驼山外海农渔业区	245.5	2.10	0.211	0.0019

3. 主要污染物环境容量计算结果

鲅鱼圈海域 COD、无机氮、无机磷环境容量计算结果见表 3-23。

表 3-23　鲅鱼圈海域环境容量计算结果　　　　（单位：t/a）

排污口	功能区	COD			无机氮			无机磷		
		标准容量	现状容量	剩余容量	标准容量	现状容量	剩余容量	标准容量	现状容量	剩余容量
0601	盖州北海旅游休闲娱乐区	13 614	5 621	7 993	1 361	905	456	97	10	87
0602	鲅鱼圈港口航运区	32 740	9 234	23 506	3 274	1 872	1 402	284	24	260
0603	鲅鱼圈港口航运区	6 716	2 336	4 380	672	500	172	62	7	55

续表

排污口	功能区	COD			无机氮			无机磷		
		标准容量	现状容量	剩余容量	标准容量	现状容量	剩余容量	标准容量	现状容量	剩余容量
0604	仙人岛港口航运区	4 307	1 861	2 446	431	358	73	29	6	23
0605	李家礁矿产与能源区	379 673	75 336	304 337	38 033	10 424	27 609	4 200	362	3 838
0606	盖州白沙湾旅休闲娱乐区	2 993	2 295	698	299	540	−241	31	11	20
0607	太平湾港口航运区	27 484	6 424	21 060	2 748	1 318	1 430	194	27	167
0608	太平湾港口航运区	1 350	401	949	135	150	−15	9	2	7
0609	太平湾港口航运区	54 640	11 643	42 997	5 464	2 004	3 460	397	50	347
0610	太平湾港口航运区	10 110	1 788	8 322	1 011	518	493	69	9	60
合计		533 627	116 939	416 688	53 428	18 589	34 839	5 372	508	4 864

1）COD 环境容量

（1）标准环境容量。0605 排污口邻近功能区 COD 标准环境容量最大，为 379 673 t/a；0608 排污口邻近功能区最小，为 1350 t/a（图 3-41）。

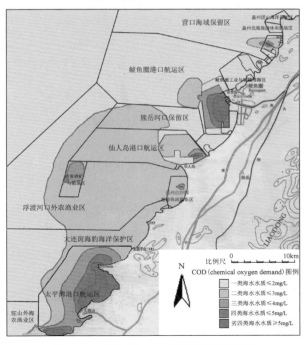

图 3-41　鲅鱼圈 COD 标准环境容量图

（2）现状环境容量。0605 排污口邻近功能区 COD 现状环境容量最大，为 75 336 t/a；0608 排污口邻近功能区最小，为 401 t/a（图 3-42）。

（3）剩余环境容量。0605 排污口邻近功能区 COD 剩余环境容量最大，为 304 337 t/a；0606 排污口邻近功能区最小，为 698 t/a。

鲅鱼圈海域 COD 总的标准、现状和剩余环境容量分别为 533 627 t/a，116 939 t/a 和 416 688 t/a（表 3-23）。

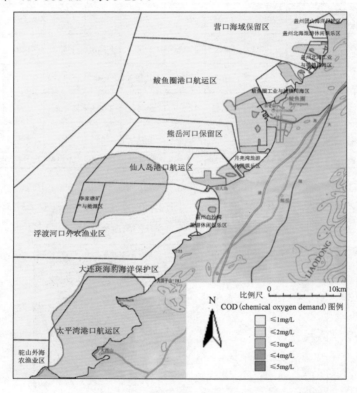

图 3-42　鲅鱼圈 COD 现状环境容量图

2）无机氮环境容量

（1）标准环境容量。0605 排污口邻近功能区无机氮标准环境容量最大，为 38 033 t/a；0608 排污口邻近功能区最小，为 135 t/a（图 3-43）。

（2）现状环境容量。0605 排污口邻近功能区无机氮现状环境容量最大，为 10 424 t/a；0608 排污口邻近功能区最小，为 150 t/a（图 3-44）。

（3）剩余环境容量。0605 排污口邻近功能区无机氮剩余环境容量最大，为 27 609 t/a；0606 和 0608 排污口现状浓度均超标，其剩余环境容量分别为-241 t/a 和-15 t/a。

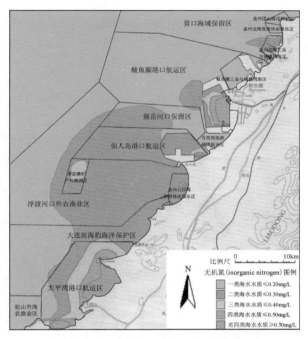

图 3-43 鲅鱼圈无机氮标准环境容量图

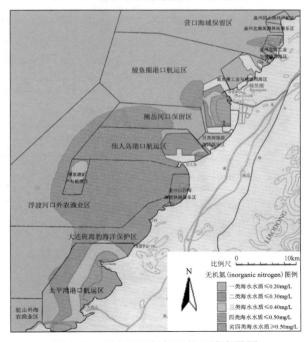

图 3-44 鲅鱼圈无机氮现状环境容量图

　　由表 3-23 可见，鲅鱼圈海域无机氮总的标准、现状和剩余环境容量分别为 53 428 t/a、18 589 t/a 和 34 839 t/a。

　　3）无机磷环境容量

　　（1）标准环境容量。0605 排污口邻近功能区无机磷标准环境容量最大，为 4200 t/a；0608 排污口邻近功能区最小，为 9 t/a（图 3-45）。

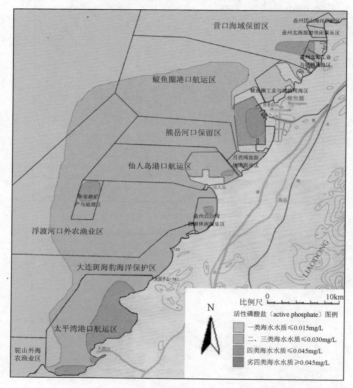

图 3-45　鲅鱼圈无机磷标准环境容量图

　　（2）现状环境容量。0605 排污口邻近功能区无机磷现状环境容量最大，为 362 t/a；0608 排污口邻近功能区最小，约 2 t/a（图 3-46）。

　　（3）剩余环境容量。0605 排污口邻近功能区无机磷剩余环境容量最大，为 3838 t/a；0608 排污口邻近功能区最小，为 7 t/a。

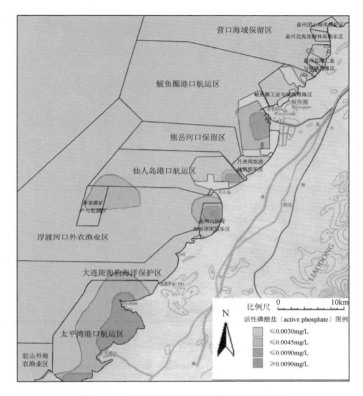

图 3-46 鲅鱼圈无机磷现状环境容量图

从表 3-23 可知，鲅鱼圈海域无机磷总的标准、现状和剩余环境容量分别为 5372 t/a，508 t/a 和 4864 t/a。

3.2.7 复州湾海域

1. 海域功能分区与水质保护目标

复州湾海域北起驼山旅游休闲娱乐区，南到何屯旅游休闲娱乐区，大陆岸线全长约 84.33 km。该海域分为 6 个功能区，其中旅游休闲娱乐区 3 个，工业与城镇用海区 2 个，保留区 1 个（图 3-47）。以上各功能区的环境保护目标见表 3-24。

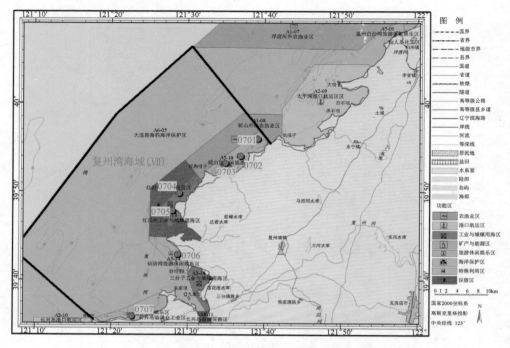

图 3-47　复州湾海域功能区划图

表 3-24　复州湾海域海洋功能区环境保护目标

序号	功能区名称	功能区类型	环境保护目标
01	驼山旅游休闲娱乐区	旅游休闲娱乐区	海水质量执行不低于二类海水水质标准,沉积物质量和海洋生物质量执行不低于一类标准
02	红沿河口外海保留区	保留区	海水、沉积物、海洋生物质量标准执行不低于现状水平
03	红沿河工业与城镇用海区	工业与城镇用海区	海水质量执行不低于三类海水水质标准,沉积物质量和海洋生物质量执行二类标准
04	仙浴湾旅游休闲娱乐区	旅游休闲娱乐区	海水、沉积物、海洋生物质量执行不低于一类标准
05	三台子工业与城镇用海区	工业与城镇用海区	海水质量执行不低于三类海水水质标准,沉积物质量和海洋生物质量执行二类标准
06	何屯旅游休闲娱乐区	旅游休闲娱乐区	海水质量执行不低于二类海水水质标准,沉积物质量和海洋生物质量执行不低于一类标准

2. 模拟排污口设置

为预测该沿海地区陆源排污量逐年增长对复州湾海洋环境质量的影响,从而为实施陆源排污总量控制提供依据,拟在复州湾沿海设置 7 个模拟排污口,即 0701～0707 模拟源(图 3-47)。其相邻海域功能区状况见表 3-25。

表 3-25　复州湾海域拟设污染源及相邻功能区

拟设排污口	邻近海域功能区	功能区面积 /km²	功能区污染物现状浓度/（mg/L）		
			COD	无机氮	无机磷
0701	驼山外海农渔业区；驼山旅游休闲娱乐区	126.8	1.27	0.156	0.0061
0702	驼山旅游休闲娱乐区	39.5	1.31	0.170	0.0062
0703	驼山旅游休闲娱乐区	39.5	1.39	0.155	0.0061
0704	红沿河口外海保留区；红沿河工业与城镇用海区	94.8	1.24	0.170	0.0060
0705	红沿河口外海保留区；红沿河工业与城镇用海区	94.8	1.17	0.212	0.0060
0706	仙浴湾旅游休闲娱乐区	23.2	1.24	0.163	0.0066
0707	何屯旅游休闲娱乐区	32.0	1.21	0.154	0.0062

3. 主要污染物环境计算结果

复州湾海域 COD、无机氮、无机磷环境容量计算结果见表 3-26。

表 3-26　复州湾海域环境容量计算结果　　　　　（单位：t/a）

排污口	功能区	COD			无机氮			无机磷		
		标准容量	现状容量	剩余容量	标准容量	现状容量	剩余容量	标准容量	现状容量	剩余容量
0701	驼山旅游休闲娱乐区	21 389	10 804	10 585	2 142	1 361	781	268	54	214
0702	驼山旅游休闲娱乐区	6 278	3 577	2 701	631	496	135	90	17	73
0703	驼山旅游休闲娱乐区	5 584	3 358	2 226	558	442	116	82	16	66
0704	红沿河工业与城镇用海区	12 264	7 957	4 307	1 226	836	390	172	34	138
0705	红沿河工业与城镇用海区	5 438	3 139	2 299	544	471	73	71	16	55
0706	仙浴湾旅游休闲娱乐区	2 920	1 533	1 387	292	369	−77	40	8	32
0707	何屯旅游休闲娱乐区	14 052	9 052	5 000	1 405	1 179	226	249	50	199
合计		67 925	39 420	28 505	6 798	5 154	1 644	972	195	777

1）COD 环境容量

（1）标准环境容量。复州湾海域拟设七处排污口邻近功能区 COD 标准环境容量总计 67 925 t/a，其中 0701 排污口邻近的驼山旅游休闲娱乐区容量最大，为 21 389 t/a；0706 排污口邻近功能区仙浴湾旅游休闲娱乐区最小，仅 2920 t/a（图 3-48）。

（2）现状环境容量。该海域各功能区 COD 现状环境容量总计 39 420 t/a，也以 0701 邻近的驼山旅游休闲娱乐区最大，为 10 804 t/a；0706 排污口邻近功能区最小，为 1533 t/a（图 3-49）。

（3）剩余环境容量。各功能区 COD 剩余环境容量总计 28 505 t/a，依然是 0701 排污口邻近功能区最大，为 10 585 t/a；0706 排污口邻近功能区最小，为 1387 t/a。

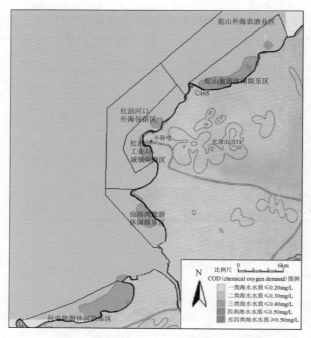

图 3-48　复州湾 COD 标准环境容量图

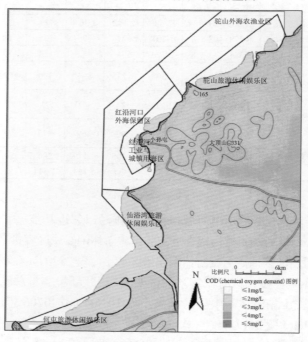

图 3-49　复州湾 COD 现状环境容量图

综上所述,复州湾海域COD总的标准、现状和剩余环境容量分别为67 925 t/a,39 420 t/a 和 28 505 t/a(表3-26)。

2)无机氮环境容量

(1)标准环境容量。复州湾海域七处拟设排污口邻近功能区无机氮的总标准环境容量共计 6798 t/a,其中以驼山旅游休闲娱乐区容量最大,为 2142 t/a;而仙浴湾旅游休闲娱乐区最小,仅 292 t/a(图3-50)。

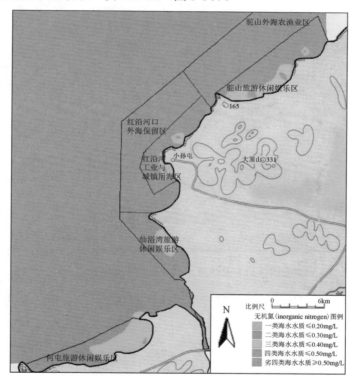

图 3-50　复州湾无机氮标准环境容量图

(2)现状环境容量。该海域各功能区无机氮现状环境容量总计 5154 t/a,其中最大仍然是 0701 邻近功能区,为 1361 t/a,0706 外功能区最小,为 369 t/a(图3-51)。

(3)剩余环境容量。该海域各功能区无机氮剩余环境容量总计 1644 t/a,其中最大仍然是 0701 排污口邻近功能区(781 t/a),而 0706 邻近功能区已超标 77 t/a。

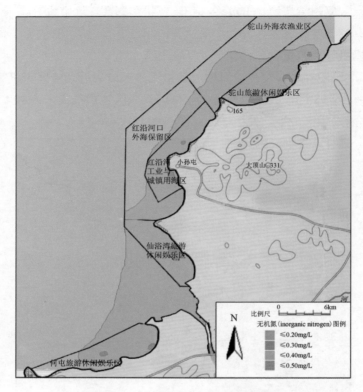

图 3-51　复州湾无机氮现状环境容量图

　　综上，复州湾海域无机氮总的标准、现状和剩余环境容量分别为 6798 t/a，5154 t/a 和 1644 t/a。

　　3）无机磷环境容量

　　（1）标准环境容量。复州湾海域七处拟设排污口邻近功能区无机磷的总标准环境容量共计 972 t/a，其中 0701 排污口邻近的驼山旅游休闲娱乐区标准环境容量最大，为 268 t/a；仙浴湾旅游休闲娱乐区最小，约 40 t/a（图 3-52）。

　　（2）现状环境容量。该海域现状环境容量最大、最小的仍然分别是 0701 和 0706 邻近功能区，各为 54 t/a 和 8 t/a（图 3-53）。

　　（3）剩余环境容量。剩余环境容量最大的也是 0701 邻近功能区，为 214 t/a，最小仍是 0706 邻近功能区为 32 t/a。

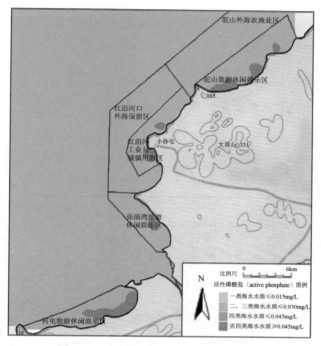

图 3-52　复州湾无机磷标准环境容量图

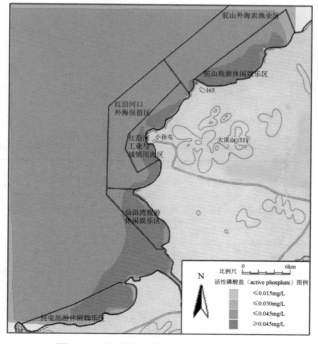

图 3-53　复州湾无机磷现状环境容量图

综上，复州湾海域无机磷总的标准、现状和剩余环境容量分别为 972 t/a，195 t/a 和 777 t/a（表 3-26）。

3.2.8 马家咀海域

1. 海域功能分区与水质保护目标

马家咀海域位于复州湾和葫芦山湾之间，是规划中的港口区。马家咀海域北起石勒里山咀，南邻马家咀子，岛屿岸线 12.26 km。该海域仅 1 个功能区，为长兴岛港口航运区（图 3-54）。该功能区的环境保护目标见表 3-27。

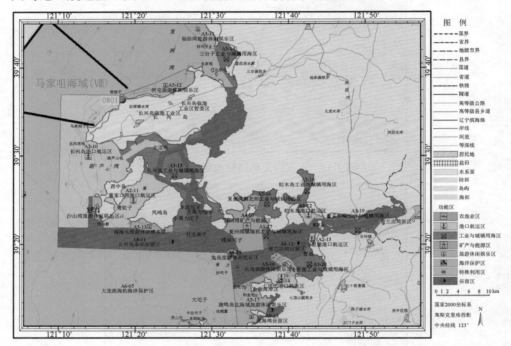

图 3-54 马家咀海域功能区划图

表 3-27 马家咀海域海洋功能区环境保护目标

序号	功能区名称	功能区类型	环境保护目标
01	长兴岛港口航运区	港口航运区	区域海水质量执行不低于三类海水水质标准，沉积物质量和海洋生物质量执行二类标准

2. 模拟排污口设置

拟在马家咀沿海设置 1 个模拟排污口，即 0801 模拟源（图 3-54）。其相邻海域功能区状况见表 3-28。

表 3-28　马家咀海域拟设排污口及相邻功能区

拟设排污口	邻近海域功能区	功能区面积 /km²	功能区污染物现状浓度/（mg/L）		
			COD	无机氮	无机磷
0801	长兴岛港口航运区	—	2.42	0.114	0.0097

3. 主要污染物环境容量计算结果

马家咀海域 COD、无机氮、无机磷标准环境容量和现状环境容量计算结果见表 3-29。

表 3-29　马家咀海域环境容量计算结果　　　　（单位：t/a）

排污口	功能区	COD			无机氮			无机磷		
		标准容量	现状容量	剩余容量	标准容量	现状容量	剩余容量	标准容量	现状容量	剩余容量
0801	长兴岛港口航运区	1856	352	1504	185	17	168	15	1	14

该海域设 1 个排污口，位于港口区内，其容量应按三～四类水质标准进行计算。COD、无机氮、无机磷三种污染物质的标准、现状、剩余环境容量计算结果见图 3-55～图 3-60 和表 3-29。

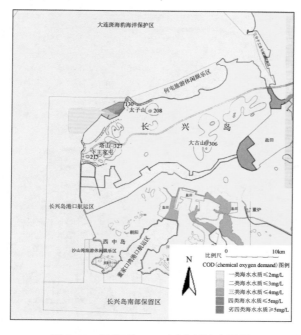

图 3-55　马家咀 COD 标准环境容量图

图 3-56　马家咀 COD 现状环境容量图

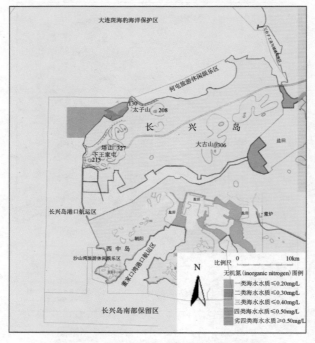

图 3-57　马家咀无机氮标准环境容量图

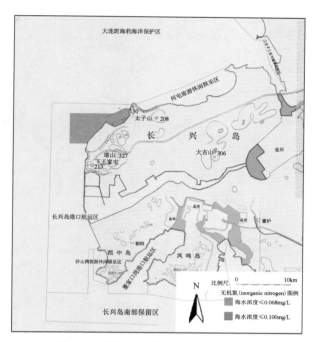

图 3-58　马家咀无机氮现状环境容量图

图 3-59　马家咀无机磷标准环境容量图

图 3-60　马家咀无机磷现状环境容量图

3.2.9　葫芦山湾海域

1. 海域功能分区与水质保护目标

葫芦山湾北起马家咀南到西中岛长哨。该海域共 3 个功能区：港口航道区 2 个，旅游休闲娱乐区 1 个（图 3-61）。各功能区的环境保护目标见表 3-30。

2. 模拟排污口设置

在葫芦山湾沿海设置 5 个模拟排污口，即 0901、0902、0903、0904、0905 模拟源（图 3-61）。其相邻海域功能区状况见表 3-31。

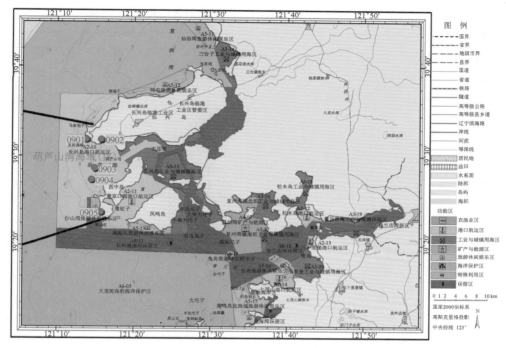

图 3-61　葫芦山湾海域功能区划图

表 3-30　葫芦山湾海域海洋功能区环境保护目标

序号	功能区名称	功能区类型	环境保护目标
01	长兴岛港口航运区	港口航运区	区域海水质量执行不低于三类海水水质标准，沉积物质量和海洋生物质量执行二类标准
02	董家口湾港口航运区	港口航运区	区域海水质量执行不低于三类海水水质标准，沉积物质量和海洋生物质量执行二类标准
03	沙山湾旅游休闲娱乐区	旅游休闲娱乐区	区域海水质量执行不低于二类海水水质标准，沉积物质量和海洋生物质量执行不低于一类标准

表 3-31　葫芦山湾海域拟设排污口及相邻功能区

拟设排污口	邻近海域功能区	功能区面积/km²	功能区污染物现状浓度/（mg/L）		
			COD	无机氮	无机磷
0901	长兴岛港口航运区	240.6	1.73	0.092	0.0137
0902	长兴岛港口航运区	240.6	2.24	0.101	0.0166
0903	长兴岛港口航运区	240.6	2.37	0.134	0.0174
0904	长兴岛港口航运区	240.6	1.77	0.070	0.0089
0905	沙山湾旅游休闲娱乐区	6.1	1.71	0.114	0.0144

3.　主要污染物环境容量计算结果

葫芦山湾海域 COD、无机氮、无机磷环境容量计算结果见表 3-32。

表 3-32　葫芦山湾海域环境容量计算结果　　　　（单位：t/a）

排污口	功能区	COD			无机氮			无机磷		
		标准容量	现状容量	剩余容量	标准容量	现状容量	剩余容量	标准容量	现状容量	剩余容量
0901	长兴岛港口航运区	7 409	1 569	5 840	741	0.00	741	75	10	65
0902	长兴岛港口航运区	36	36	0.00	4	4	0.00	0.365	0.365	0
0903	长兴岛港口航运区	766	255	511	77	11	66	7	3	4
0904	长兴岛港口航运区	19 016	3 321	15 695	1 902	332	1570	179	99	80
0905	沙山湾旅游休闲娱乐区	0.00	182	-182	0.00	47	-47	13	7	6
合计		27 227	5 363	21 864	2 724	394	2 330	274	119	155

1）COD 环境容量

（1）标准环境容量。葫芦山湾海域五处拟设排污口邻近功能区 COD 标准环境容量共计 27 227 t/a，其中 0904 邻近功能区容量最大，为 19 016 t/a；0902 邻近功能区最小，为 36 t/a（图 3-62）。

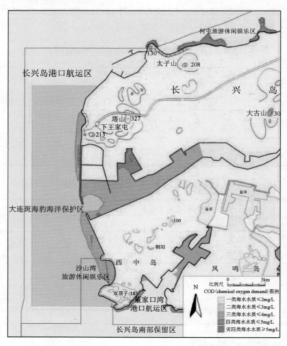

图 3-62　葫芦山湾 COD 标准环境容量图

（2）现状环境容量。0904 排污口邻近功能区现状环境容量最大，为 3321 t/a；0902 外功能区最小，为 36 t/a。五处排污口邻近功能区 COD 现状环境容量合计 5363 t/a（图 3-63）。

（3）剩余环境容量。该海域 COD 剩余环境容量共 21 864 t/a，其中 0904 剩余环境容量最大，为 15 695 t/a；0902 排污口邻近功能区无剩余环境容量，且超标 182 t/a（表 3-32）。

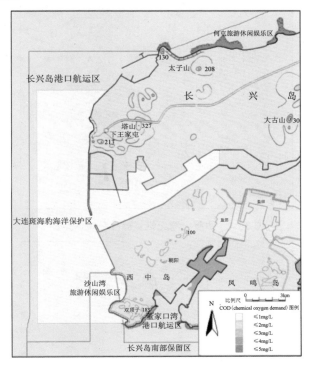

图 3-63　葫芦山湾 COD 现状环境容量图

综上，葫芦山湾海域 COD 总的标准、现状和剩余环境容量分别为 27 227 t/a，5363 t/a 和 21 864 t/a。

2）无机氮环境容量

（1）标准环境容量。葫芦山湾海域五处拟设排污口邻近功能区无机氮标准环境容量共计 2724 t/a，其中 0904 邻近功能区容量最大，为 1902 t/a；0902 邻近功能区最小，仅约 4 t/a（图 3-64）。

（2）现状环境容量。0904 排污口邻近功能区现状环境容量最大，为 332 t/a；五处排污口邻近功能区无机氮现状环境容量合计 394 t/a；0902 邻近区域现状环境容量最小，不足 4 t/a（图 3-65）。

图 3-64　葫芦山湾无机氮标准环境容量图

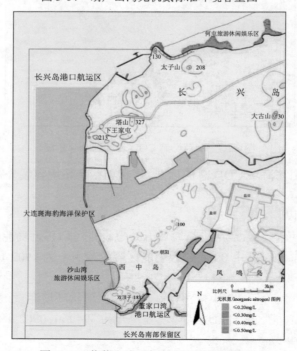

图 3-65　葫芦山湾无机氮现状环境容量图

（3）剩余环境容量。该海域各功能区无机氮的剩余环境容量为 2330 t/a，仍然是 0902 排污口邻近功能区最小，已无剩余环境容量；0905 排污口邻近功能区无环境容量，且超标 47 t/a。

综上，葫芦山湾海域无机氮总的标准、现状和剩余环境容量分别为 2724 t/a，394 t/a 和 2330 t/a（表 3-32）。

3）无机磷环境容量

（1）标准环境容量。葫芦山湾海域五处拟设排污口邻近功能区无机磷标准环境容量共计 274 t/a，其中 0904 排污口邻近功能区容量最大，为 179 t/a；0902 邻近功能区最小，为 0.365 t/a（图 3-66）。

图 3-66 葫芦山湾无机磷标准环境容量图

（2）现状环境容量。0904 排污口邻近功能区无机磷现状环境容量最大，为 99 t/a；0902 邻近区域现状环境容量最小，为 0.365 t/a。五处排污口邻近功能区合计 119 t/a（图 3-67）。

（3）剩余环境容量。0904 排污口邻近功能区无机磷剩余环境容量最大，为 80 t/a；0902 邻近功能区已无剩余环境容量。全部功能区合计剩余环境容量为 155 t/a。

图 3-67　葫芦山湾无机磷现状环境容量图

　　综上,葫芦山湾海域无机磷总的标准、现状和剩余环境容量分别为274 t/a,119 t/a 和 155 t/a(表 3-32)。

3.2.10　普兰店湾海域

1. 海域功能分区与水质保护目标

　　普兰店湾海域北起西中岛南岸长哨,南到金州湾北部鹿鸣岛岸线总长约170.7 km。该海域共 19 个功能区,其中港口航道区 5 个,保留区 3 个,旅游休闲娱乐区 4 个,工业与城镇用海区 6 个,矿产与能源区 1 个(图 3-68)。各功能区的环境保护目标见表 3-33。

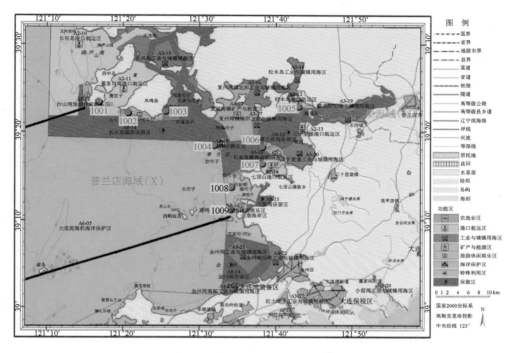

图 3-68　普兰店湾海域功能区划图

表 3-33　普兰店湾海域海洋功能区环境保护目标

序号	功能区名称	功能区类型	环境保护目标
01	长兴岛港口航运区	港口航运区	区域海水质量执行不低于三类海水水质标准，沉积物质量和海洋生物质量执行二类标准
02	长兴岛南部保留区	保留区	海水、沉积物、海洋生物质量标准不低于现状水平
03	董家口湾港口航运区	港口航运区	海水质量执行不低于三类海水水质标准，沉积物质量和海洋生物质量执行二类标准
04	长兴岛工业与城镇用海区	工业与城镇用海区	海水质量执行不低于三类海水水质标准，沉积物质量和海洋生物质量执行二类标准
05	南海头旅游休闲娱乐区	旅游休闲娱乐区	海水质量执行不低于二类海水水质标准，沉积物质量和海洋生物质量执行不低于一类标准
06	复州湾矿产与能源区	矿产与能源区	海水、沉积物、海洋生物质量标准达到产品质量要求
07	兔岛旅游休闲娱乐区	旅游休闲娱乐区	海水质量执行不低于二类海水水质标准，沉积物质量和海洋生物质量执行不低于一类标准
08	复州湾镇北部工业与城镇用海区	工业与城镇用海区	海水质量执行不低于三类海水水质标准，沉积物质量和海洋生物质量执行不低于二类标准
09	复州湾镇南部工业与城镇用海区	工业与城镇用海区	海水质量执行不低于三类海水水质标准，沉积物质量和海洋生物质量执行不低于二类标准
10	普兰店湾保留区	保留区	海水、沉积物、海洋生物质量标准不低于现状水平
11	松木岛工业与城镇用海区	工业与城镇用海区	海水质量执行不低于三类海水水质标准，沉积物质量和海洋生物质量执行不低于一类标准

序号	功能区名称	功能区类型	环境保护目标
12	松木岛港口航运区	港口航运区	海水质量执行不低于三类海水水质标准，沉积物质量和海洋生物质量执行不低于二类标准
13	普兰店湾工业与城镇用海区	工业与城镇用海区	海水质量执行不低于二类海水水质标准，沉积物质量和海洋生物质量执行不低于一类标准
14	三十里堡港口航运区	港口航运区	海水质量执行不低于二类海水水质标准，沉积物质量和海洋生物质量执行一类标准
15	三十里堡工业与城镇用海区	工业与城镇用海区	海水质量执行不低于二类海水水质标准，沉积物质量和海洋生物质量执行一类标准
16	长岛旅游休闲娱乐区	旅游休闲娱乐区	海水质量执行不低于二类海水水质标准，沉积物质量和海洋生物质量执行一类标准
17	七顶山港口航运区	港口航运区	海水质量执行不低于三类海水水质标准，沉积物质量和海洋生物质量执行不低于二类标准
18	北海湾保留区	保留区	海水、沉积物、海洋生物质量标准不低于现状水平
19	鹿鸣岛北海旅游休闲娱乐区	旅游休闲娱乐区	海水质量执行不低于二类海水水质标准，沉积物质量和海洋生物质量执行一类标准

2. 模拟排污口设置

为预测该沿海地区陆源排污量逐年增长对普兰店湾海洋环境质量的影响，从而为实施陆源排污总量控制提供依据，在普兰店湾沿海设置 9 个模拟排污口，即 1001、1002、1003、1004、1005、1006、1007、1008、1009 模拟源（图 3-68）。其相邻海域功能区状况见表 3-34。

表 3-34 普兰店湾海域拟设排污口及相邻功能区

拟设排污口	邻近海域功能区	功能区面积/km²	功能区污染物现状浓度/（mg/L）		
			COD	无机氮	无机磷
1001	董家口湾港口航运区	55.6	0.39	0.184	0.0201
1002	南海头旅游休闲娱乐区；长兴岛南部保留区	261.6	0.38	0.176	0.0194
1003	长兴岛南部保留区	250.0	0.41	0.178	0.0191
1004	兔岛旅游休闲娱乐区	2.6	0.65	0.176	0.0186
1005	松木岛港口航运区	8.0	2.95	0.354	0.0318
1006	长岛旅游休闲娱乐区	10.0	0.84	0.159	0.0161
1007	七顶山港口航运区	14.3	1.00	0.199	0.0197
1008	鹿鸣岛北海旅游休闲娱乐区	63.9	0.79	0.373	0.0225
1009	鹿鸣岛北海旅游休闲娱乐区	63.9	1.03	0.381	0.0261

3. 主要污染物环境容量计算结果

普兰店湾海域 COD、无机氮、无机磷环境容量计算结果见表 3-35。

表 3-35　普兰店湾海域环境容量计算结果　　　　（单位：t/a）

排污口	功能区	COD			无机氮			无机磷		
		标准容量	现状容量	剩余容量	标准容量	现状容量	剩余容量	标准容量	现状容量	剩余容量
1001	董家口湾港口航运区	12 592	839	11 753	1 259	266	993	104	29	75
1002	南海头旅游休闲娱乐区	18 140	2 701	15 439	1 814	810	1 004	170	88	82
1003	长兴岛南部保留区	12 300	949	11 351	1 230	284	946	65	28	37
1004	兔岛旅游休闲娱乐区	16 753	4 562	12 191	1 675	1 281	394	178	151	27
1005	普兰店湾工业与城镇用海区	7 008	5 256	1 752	701	631	70	63	56	7
1006	普兰店湾保留区	22 228	10 329	11 899	2 223	2037	186	226	209	17
1007	七顶山港口航运区	8 869	1 336	7 533	887	266	621	76	26	50
1008	鹿鸣岛北海域旅游休闲娱乐区	8 614	2 372	6 242	861	1 963	-1 102	86	88	-2
1009	北海湾保留区	4 197	2 080	2 117	453	438	15	42	42	-0.365
	合计	110 701	30 424	80 277	11 103	7 976	3 127	1 010	717	293

1）COD 环境容量

（1）标准环境容量。普兰店湾拟设九处排污口邻近功能区 COD 标准环境容量共计 110 701 t/a，其中 1006 排污口邻近的普兰店湾保留区容量最大，为 22 228 t/a；而 1009 外的北海湾保留区最小，为 4197 t/a（图 3-69）。

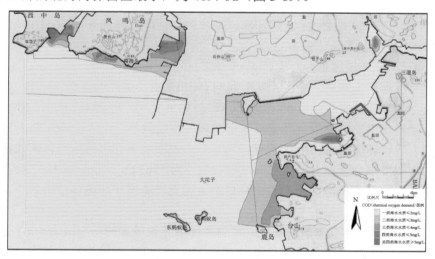

图 3-69　普兰店湾 COD 标准环境容量图

（2）现状环境容量。该海域 COD 的现状环境容量合计 30 424 t/a，也是 1006 处的普兰店湾保留区现状环境容量最大，为 10 329 t/a，最小的是 1001 处的董家口湾港口航运区，COD 现状环境容量仅为 839 t/a（图 3-70）。

（3）剩余环境容量。该海域 COD 的总剩余环境容量为 80 277 t/a。其中，南海头旅游休闲娱乐区是普兰店湾海域中 COD 剩余环境容量最大的功能区，1002 排污口邻近海区剩余环境容量为 15 439 t/a，最小的是普兰店湾工业与城镇用海区，1005 排污口邻近海区 COD 剩余环境容量仅有 1752 t/a。

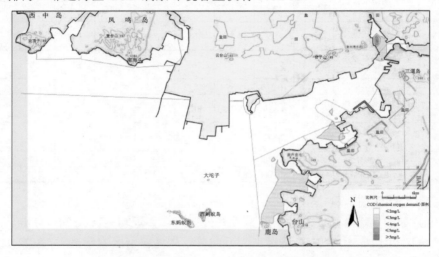

图 3-70　普兰店湾 COD 现状环境容量图

综上，普兰店湾 COD 总的标准、现状和剩余环境容量分别为 110 701 t/a，30 424 t/a 和 80 277 t/a（表 3-35）。

2）无机氮环境容量

（1）标准环境容量。普兰店湾各功能区无机氮的标准环境容量总计 11 103 t/a，其中普兰店湾保留区，即 1006 拟设排污口外容量最大，为 2223 t/a；而 1009 排污口邻近功能区的北海湾保留区无机氮标准环境容量最小，仅 453 t/a（图 3-71）。

（2）现状环境容量。1008 拟设排污口邻近的鹿鸣岛北海域旅游休闲娱乐区无机氮的现状环境容量在普兰店湾海域居首位，为 1963 t/a。1001 和 1007 排污口邻近的董家口湾港口航运区和七顶山港口航运区无机氮现状环境容量均最小，都为 266 t/a（图 3-72）。

（3）剩余环境容量。该海域无机氮剩余环境容量最大的功能区为 1002 处的南海头旅游休闲娱乐区剩余环境容量为 1004 t/a，而 1008 处的鹿鸣岛北海旅游休闲娱乐区无机氮的现状浓度已超出功能区对水质要求，剩余环境容量为–1102 t/a。

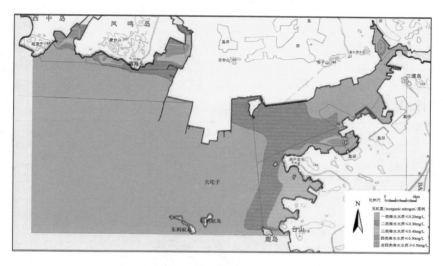

图 3-71 普兰店湾无机氮标准环境容量图

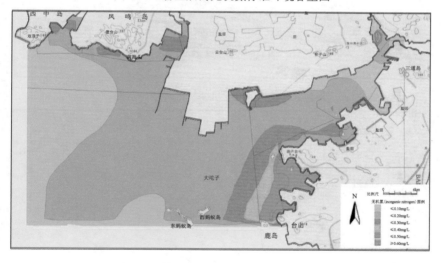

图 3-72 普兰店湾无机氮现状环境容量图

综上，普兰店湾无机氮总的标准、现状和剩余环境容量分别为 11 103 t/a，7976 t/a 和 3127 t/a（表 3-35）。

3）无机磷环境容量

（1）标准环境容量。普兰店湾海域各功能区无机磷的标准环境容量总计 1010 t/a，其中普兰店湾保留区（1006）依旧容量最大，为 226 t/a，而北海湾保留区（1009）最小，仅 42 t/a（图 3-73）。

（2）现状环境容量。1006 排污口邻近的普兰店湾保留区无机磷的现状环境容量最大，为 209 t/a。而 1001 和 1007 邻近功能区无机磷现状环境容量均最小，均只有 26 t/a（图 3-74）。

（3）剩余环境容量。该海域有两处功能区，即董家口湾港口航运区和七顶山港口航运区无机磷的现状浓度均略有超标，已几乎无剩余环境容量，而南海头旅游休闲娱乐区剩余环境容量较大，为 82 t/a。

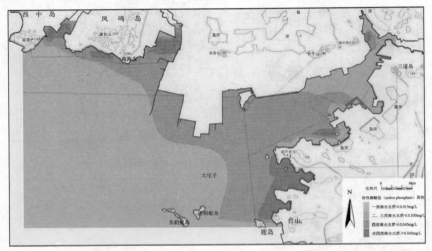

图 3-73　普兰店湾无机磷标准环境容量图

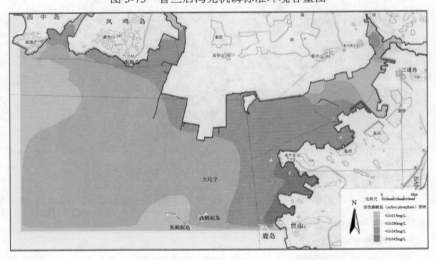

图 3-74　普兰店湾无机磷现状环境容量图

　　综上,普兰店湾无机磷总的标准、现状和剩余环境容量分别为 1010 t/a, 717 t/a 和 293 t/a（表 3-34）。

3.2.11　金州湾海域

1.　海域功能分区与水质保护目标

　　金州湾北起鹿鸣岛,南到黄龙尾嘴,岸线长 64.45 km。该海域有 4 个功能区, 其中保留区 1 个,工业与城镇用海区 3 个（图 3-75）。各功能区的环境保护目标见 表 3-36。

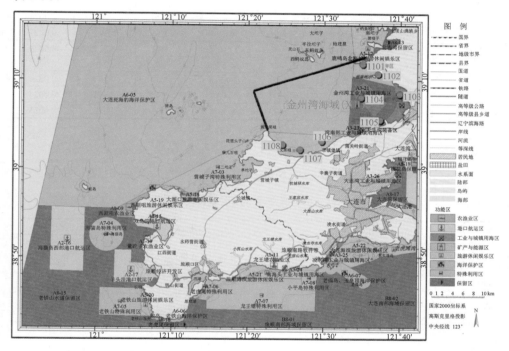

图 3-75　金州湾海域功能区划图

表 3-36　金州湾海域海洋功能区环境保护目标

序号	功能区名称	功能区类型	环境保护目标
01	金州湾工业与城镇用海区	工业与城镇用海区	海水质量执行不低于二类海水水质标准,沉积物质量和海洋生物质量执行一类标准
02	金州湾沿岸工业与城镇用海区	工业与城镇用海区	海水质量执行不低于二类海水水质标准,沉积物质量和海洋生物质量执行一类标准
03	金州湾保留区	保留区	海水、沉积物、海洋生物质量标准不低于现状水平
04	金州湾南部工业与城镇用海区	工业与城镇用海区	海水质量执行不低于二类海水水质标准,沉积物质量和海洋生物质量执行一类标准

2. 模拟排污口设置

为实施该海域陆源排污总量控制,在金州湾沿海设置 8 个模拟排污口,即 1101、1102、1103、1104、1105、1106、1107、1108 模拟源(图 3-75)。其相邻海域功能区状况见表 3-37。

表 3-37   金州湾海域拟设污染源及相邻功能区

拟设排污口	邻近海域功能区	功能区面积/km²	功能区污染物现状浓度/(mg/L)		
			COD	无机氮	无机磷
1101	鹿鸣岛北海域旅游休闲娱乐区	63.9	1.01	0.185	0.0023
1102	鹿鸣岛北海域旅游休闲娱乐区	63.9	1.70	0.296	0.0024
1103	金州湾沿岸工业与城镇用海区	16.5	1.56	0.392	0.0023
1104	金州湾工业与城镇用海区	22.0	1.42	0.215	0.0024
1105	金州湾沿岸工业与城镇用海区	16.5	1.53	0.240	0.0025
1106	营城子湾特殊利用区	124.5	1.69	0.284	0.0024
1107	金州湾南部工业与城镇用海区	8.5	1.46	0.451	0.0024
1108	金州湾南部工业与城镇用海区	8.5	1.01	0.212	0.0023

3. 主要污染物环境容量计算结果

金州湾海域 COD、无机氮、无机磷环境容量计算结果见表 3-38。

表 3-38   金州湾海域环境容量计算结果　　　　　　　　(单位:t/a)

排污口	功能区	COD			无机氮			无机磷		
		标准容量	现状容量	剩余容量	标准容量	现状容量	剩余容量	标准容量	现状容量	剩余容量
1101	鹿鸣岛北海域旅游休闲娱乐区	7 993	474	7 519	799	1 405	-606	93	4	89
1102	鹿鸣岛北海域旅游休闲娱乐区	3 759	401	3 358	376	1 281	-905	39	2	37
1103	金州湾沿岸工业与城镇用海区	657	1 387	-730	66	244	-178	6	0	6
1104	金州湾工业与城镇用海区	13 067	6 679	6 388	1 307	274	1 033	138	5	133
1105	金州湾保留区	1 387	839	548	139	77	62	14	1	13
1106	金州湾南部工业与城镇用海区	5 584	3 613	1 971	558	974	-416	56	1	55
1107	金州湾南部工业与城镇用海区	6 716	2 701	4 015	672	562	110	67	2	65
1108	金州湾南部工业与城镇用海区	4 015	2 372	1 643	401	354	47	40	1	39
合　计		43 178	18 466	24 712	4 318	5 171	-853	453	16	437

1)COD 环境容量

(1)标准环境容量。金州湾海域各功能区 COD 的标准环境容量共计 43 178 t/a,

其中金州湾工业与城镇用海区（1104）容量最大，为 13 067 t/a；金州湾沿岸工业与城镇用海区（1103）最小，为 657 t/a（图 3-76）。

（2）现状环境容量。该海域 1104 排污口邻近的金州湾工业与城镇用海区 COD 现状环境容量最大，为 6679 t/a。而鹿鸣岛北海域旅游休闲娱乐区（1102）最小，为 401 t/a（图 3-77）。

图 3-76 金州湾 COD 标准环境容量图

图 3-77 金州湾 COD 现状环境容量图

（3）剩余环境容量。1101 排污口邻近功能区 COD 剩余环境容量最大，为 7519 t/a；最小的是 1103 处的金州湾沿岸工业与城镇用海区，已无剩余环境容量，超标 730 t/a。

综上，金州湾海域 COD 总的标准、现状和剩余环境容量分别为 43 178 t/a、

18 466 t/a 和 24 712 t/a（表 3-38）。

　　2）无机氮环境容量计算

　　（1）标准环境容量。金州湾海域无机氮的标准环境容量共计 4318 t/a，其中金州湾工业与城镇用海区（1104）容量最大，为 1307 t/a；金州湾沿岸工业与城镇用海区（1103）最小，为 66 t/a（图 3-78）。

　　（2）现状环境容量。该海域鹿鸣岛北海域旅游休闲娱乐区无机氮的现状环境容量最大，为 1405 t/a。金州湾保留区最小，为 77 t/a（图 3-79）。

图 3-78　金州湾无机氮标准环境容量图

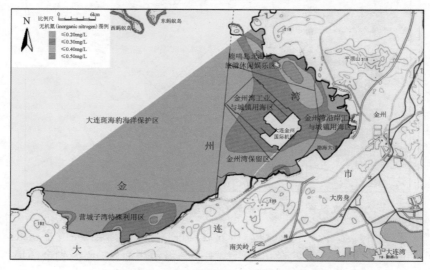

图 3-79　金州湾无机氮现状环境容量图

（3）剩余环境容量。各功能区中金州湾工业与城镇用海区无机氮剩余环境容量最大，为 1033 t/a，金州湾保留区最小，为 62 t/a，而 1101、1102、1103、1106 排污口邻近功能区无机氮的现状浓度均已不同程度超标，剩余环境容量为负值，超排量在 178～905 t/a（表 3-38）。

综上，金州湾海域无机氮总的标准、现状和剩余环境容量分别为 4318 t/a，5171 t/a 和-853 t/a（表 3-38）。

3）无机磷环境容量

（1）标准环境容量。金州湾海域各功能区无机磷的标准环境容量共计 453 t/a，其中 1104 排污口邻近的金州湾工业与城镇用海区容量最大，为 138 t/a；而金州湾沿岸工业与城镇用海区（1103）最小，仅 6 t/a（图 3-80）。

图 3-80　金州湾无机磷标准环境容量图

（2）现状环境容量。该海域无机磷的现状环境容量依旧以金州湾工业与城镇用海区最大，约 5 t/a。而金州湾沿岸工业与城镇用海区无机磷现状环境容量最小，不足 1 t/a（图 3-81）。

（3）剩余环境容量。各功能区无机磷剩余环境容量依然为金州湾工业与城镇用海区最大（133 t/a），金州湾沿岸工业与城镇用海区最小（约 6 t/a）。

综上，金州湾海域无机磷总的标准、现状和剩余环境容量分别为 453 t/a，16 t/a 和 437 t/a（表 3-38）。

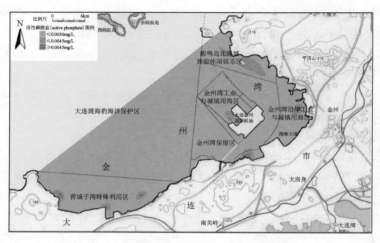

图 3-81　金州湾无机磷现状环境容量图

3.2.12　营城子湾海域

1. 海域功能分区与水质保护目标

营城子湾北起黄龙尾嘴，南到大潮口，岸线长 97.63 km。该海域共有 8 个功能区，其中特殊利用区 2 个，港口航道区 2 个，旅游休闲娱乐区 2 个，农渔业区 2 个（图 3-82）。各功能区的环境保护目标见表 3-39。

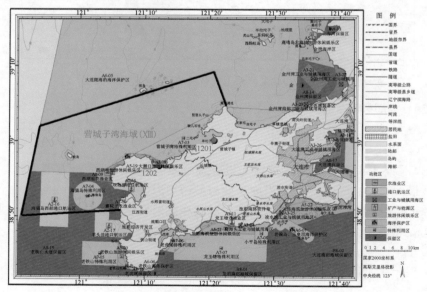

图 3-82　营城子湾海域功能区划图

表 3-39　营城子湾海域海洋功能区环境保护目标

序号	功能区名称	功能区类型	环境保护目标
01	营城子湾特殊利用区	特殊利用区	海水质量执行不低于二类海水水质标准，沉积物质量和海洋生物质量执行不低于一类标准
02	大潮口旅游休闲娱乐区	旅游休闲娱乐区	海水质量执行不低于二类海水水质标准，沉积物质量和海洋生物质量执行不低于一类标准
03	西湖咀农渔业区	农渔业区	海水质量执行不低于二类海水水质标准，沉积物质量和海洋生物质量执行不低于一类标准
04	西湖咀旅游休闲娱乐区	旅游休闲娱乐区	海水质量执行不低于二类海水水质标准，沉积物质量和海洋生物质量执行不低于一类标准
05	董砣子农渔业区	农渔业区	海水质量执行不低于二类标准，沉积物质量和海洋生物质量执行不低于一类标准
06	双岛湾港口航运区	港口航运区	海水质量执行不低于二类标准，沉积物质量和海洋生物质量执行不低于一类标准
07	海猫岛特殊利用区	特殊利用区	海水、沉积物、海洋生物质量执行不低于一类国家标准
08	海猫岛西部港口航运区	港口航运区	海水、沉积物、海洋生物质量执行不低于现状水平

2. 模拟排污口设置

为预测该沿海地区陆源排污量逐年增长对营城子湾海洋环境质量的影响，从而为实施陆源排污总量控制提供依据，拟在营城子湾沿海设置 2 个模拟排污口，即 1201、1202 模拟源（图 3-82）。其相邻海域功能区状况见表 3-40。

表 3-40　营城子湾海域拟设污染源及相邻功能区

拟设排污口	邻近海域功能区	功能区面积/km²	功能区污染物现状浓度/（mg/L）		
			COD	无机氮	无机磷
1201	营城子湾特殊利用区	124.5	1.98	0.035	0.0660
1202	大潮口旅游休闲娱乐区	7.6	1.50	0.025	0.0360

3. 主要污染物环境容量计算结果

营城子湾 COD、无机氮、无机磷环境容量计算结果见表 3-41。

表 3-41　营城子湾海域环境容量计算结果　　　（单位：t/a）

排污口	功能区	COD			无机氮			无机磷		
		标准容量	现状容量	剩余容量	标准容量	现状容量	剩余容量	标准容量	现状容量	剩余容量
1201	营城子湾特殊利用区	328	255	73	33	4	29	4	8	-4
1202	大潮口旅游休闲娱乐区	1934	839	1095	193	11	182	23	8	15
	合计	2262	1094	1168	226	15	211	27	16	11

1）COD 环境容量

（1）标准环境容量。营城子湾海域两处功能区 COD 标准环境容量共计 2262 t/a，其中 1202 拟设排污口处的大潮口旅游休闲娱乐区标准环境容量较大（1934 t/a），1201 排污口处的营城子湾特殊利用区较小（328 t/a）（图 3-83）。

（2）现状环境容量。该海域 COD 现状环境容量依旧以大潮口旅游休闲娱乐区较大，约 839 t/a。营城子湾特殊利用区较小（255 t/a）（图 3-84）。

图 3-83　营城子湾 COD 标准环境容量图

图 3-84　营城子湾 COD 现状环境容量图

（3）剩余环境容量。1202 排污口邻近功能区剩余环境容量为 1095 t/a，1201 排污口邻近功能区为 73 t/a。

2）无机氮环境容量

（1）标准环境容量。1202 排污口邻近功能区无机氮标准环境容量较大，为 193 t/a，1201 排污口邻近功能区容量较小，为 33 t/a（图 3-85）。

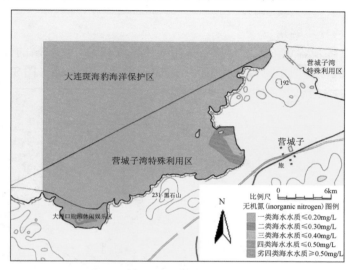

图 3-85 营城子湾无机氮标准环境容量图

（2）现状环境容量。1202 排污口邻近功能区无机氮现状环境容量为 11 t/a；1201 排污口邻近功能区约 4 t/a（图 3-86）。

图 3-86 营城子湾无机氮现状环境容量图

（3）剩余环境容量。1202 排污口邻近功能区剩余环境容量为 182 t/a，1201 排污口邻近功能区为 29 t/a。

综上，营城子湾海域无机氮总的标准、现状和剩余环境容量分别为 226 t/a、15 t/a 和 211 t/a，详见表 3-41。

3）无机磷环境容量

（1）标准环境容量。大潮口旅游休闲娱乐区（1202）无机磷的标准环境容量较大，为 23 t/a，营城子湾特殊利用区（1201）较小，仅 4 t/a（图 3-87）。

图 3-87　营城子湾无机磷标准环境容量图

（2）现状环境容量。该海域两处拟设排污口邻近功能区（1202 处）无机磷现状环境容量相同，均约 8 t/a（图 3-88）。

（3）剩余环境容量。大潮口旅游休闲娱乐区无机磷的剩余环境容量，仅约 15 t/a；而 1201 排污口邻近的营城子湾特殊利用区无机磷已超标，剩余环境容量出现负值。

综上，营城子湾海域无机磷总的标准、现状和剩余环境容量分别为 27 t/a、16 t/a 和 11 t/a，详见表 3-41。

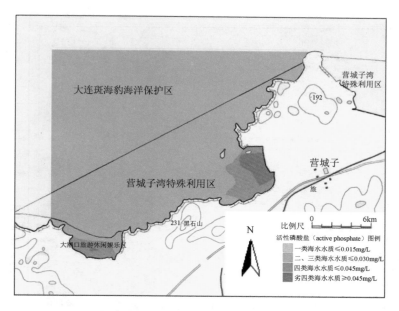

图 3-88 营城子湾无机磷现状环境容量图

3.2.13 羊头湾海域

1. 海域功能分区与水质保护目标

羊头湾海域范围较小，岸线北起老虎沟，南至旅顺老船坞，长 18.52 km。该海域共有两个功能区，即港口航道区 1 个，旅游休闲娱乐区 1 个（图 3-89）。各功能区的环境保护目标见表 3-42。

2. 模拟排污口设置

为预测该沿海地区陆源排污量逐年增长对羊头湾海洋环境质量的影响，从而为实施陆源排污总量控制提供依据，在羊头湾沿海设置 1 个模拟排污口，即 1301 模拟源（图 3-89）。其相邻海域功能区状况见表 3-43。

3. 主要污染物环境容量计算结果

羊头湾海域 COD、无机氮、无机磷环境容量计算结果见表 3-44 和图 3-90～图 3-95。

从表 3-44 可以看出，羊头洼港口航运区 COD、无机氮和无机磷的环境容量均较小，且剩余环境容量不大，无机磷现状浓度超标。

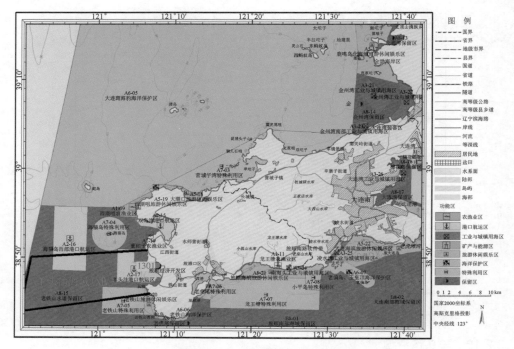

图 3-89　羊头湾海域功能区划图

表 3-42　羊头湾海域海洋功能区环境保护目标

序号	功能区名称	功能区类型	环境保护目标
01	羊头洼港口航运区	港口航运区	海水质量执行不低于三类海水水质标准,沉积物质量和海洋生物质量执行二类标准
02	老铁山旅游休闲娱乐区	旅游休闲娱乐区	海水质量执行不低于二类标准,沉积物质量和海洋生物质量执行不低于一类标准

表 3-43　羊头湾海域拟设排污口及相邻功能区

拟设排污口	邻近海域功能区	功能区面积/km²	功能区污染物现状浓度/(mg/L)		
			COD	无机氮	无机磷
1301	羊头洼港口航运区	37.2	1.03	0.047	0.0380

表 3-44　羊头湾海域环境容量计算结果　　　　　（单位：t/a）

排污口	功能区	COD			无机氮			无机磷		
		标准容量	现状容量	剩余容量	标准容量	现状容量	剩余容量	标准容量	现状容量	剩余容量
1301	羊头洼港口航运区	146	73	73	15	7	8	1	2	−1

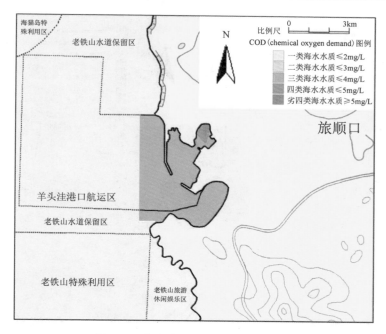

图 3-90 羊头湾 COD 标准环境容量图

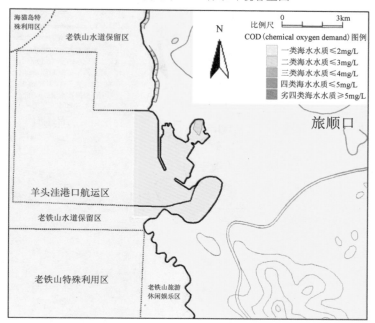

图 3-91 羊头湾 COD 现状环境容量图

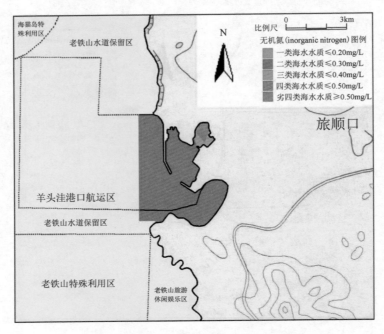

图 3-92　羊头湾无机氮标准环境容量图

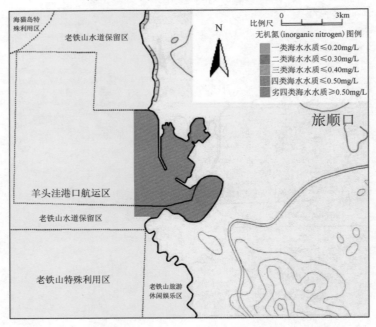

图 3-93　羊头湾无机氮现状环境容量图

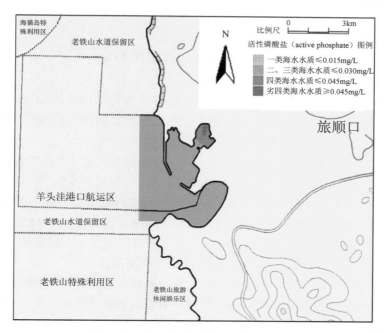

图 3-94　羊头湾无机磷标准环境容量图

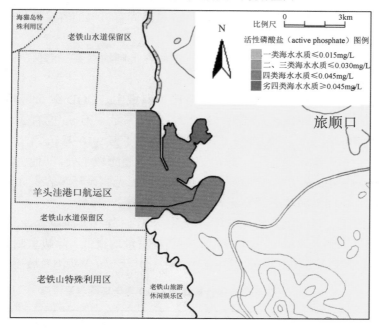

图 3-95　羊头湾无机磷现状环境容量图

3.3　环境容量计算结果分析

对辽东湾近岸 13 处海域现有模拟设置的 73 个排污口邻近的 63 处重点海洋功能区海水 COD、无机氮以及无机磷环境容量计算结果进行统计分析，可以得出以下结论。

（1）以 73 个排污口邻近的 63 处重点海洋功能区为代表的辽东湾近岸海域（以下同）海水 COD 的标准环境容量约 94.63 万 t/a，无机氮约 9.54 万 t/a，无机磷为 0.92 万 t/a。而同一区域 COD、无机氮和无机磷的现状环境容量分别为 39.26 万 t/a，8.97 万 t/a 和 0.30 万 t/a，各占同类污染物标准环境容量的 41%，94.3% 和 32.1%。可见，辽东湾近岸海域水质无机氮的现状浓度较高，超过 90% 的环境容量已被利用；COD 的已利用率接近一半，而无机磷目前利用率较低。

（2）污染物的剩余环境容量，即今后特定海域尚能受纳污染物的能力，是实施排海污染物总量控制的基础，也是海洋环境管理决策的重要依据。前述计算结果表明，辽东湾近岸特定海域 COD 的剩余环境容量约 55.4 万 t/a，尚有约 59% 的环境容量可供利用；无机氮的剩余环境容量约 0.57 万 t/a，仅有不足 6% 的容量可供利用；而无机磷剩余环境容量为 0.63 万 t/a，虽然尚有 70% 的容量可供开发利用，但其绝对总量很小。

（3）污染物剩余环境容量的大小在一定程度上制约着某一海区（功能区）的开发利用，以及邻近陆域产业的布局。

由表 3-45～表 3-48 可见，在 13 个计算海域中，COD 剩余环境容量超过 10 万 t/a 的有两个（鲅鱼圈海域和锦州湾海域），不足 1 万 t/a 的有 3 个（芷锚湾海域、马家咀海域和羊头湾海域），其余海域都在 1 万～10 万 t/a 之间。

无机氮剩余环境容量超过 1 万 t/a 的只有鲅鱼圈海域 1 处，其他大部分海域剩余环境容量均很小，而锦州湾海域和金州湾海域已无剩余环境容量，表明这两处海域，尤其是锦州湾海域已遭到无机氮的严重污染。

辽东湾近岸海域无机磷的标准环境容量较小，13 处计算海域合计不足 1 万 t/a，剩余环境容量虽然占比较高（约 68%），但其绝对量均很低。除鲅鱼圈海域外，其余剩余环境容量都不足 0.1 万 t/a，其中 4 处不足 0.01 万 t/a，羊头湾海域还出现负值。

表 3-45　辽东湾近岸各计算海域 COD 剩余环境容量排序

位次	海域	剩余容量/（万 t/a）
1	鲅鱼圈海域	18.54
2	锦州湾海域	13.06
3	普兰店湾海域	8.03

位次	海域	剩余容量/（万 t/a）
4	双台子河口海域	4.42
5	复州湾海域	2.85
6	金州湾海域	2.47
7	葫芦山湾海域	2.19
8	连山湾海域	1.27
9	六股河口海域	1.23
10	芷锚湾海域	1.04
11	马家咀海域	0.15
12	营城子湾海域	0.12
13	羊头湾海域	0.07

表 3-46　辽东湾近岸各计算海域无机氮剩余环境容量排序

位次	海域	剩余容量/（万 t/a）
1	鲅鱼圈海域	1.10
2	普兰店湾海域	0.31
3	连山湾海域	0.27
4	双台子河口海域	0.26
5	葫芦山湾海域	0.23
6	六股河口海域	0.22
7	芷锚湾海域	0.18
8	复州湾海域	0.16
9	营城子湾海域	0.02
10	马家咀海域	0.02
11	羊头湾海域	0.0007
12	金州湾海域	−0.08
13	锦州湾海域	−2.13

表 3-47　辽东湾近岸各计算海域无机磷剩余环境容量排序

位次	海域	剩余容量/（万 t/a）
1	鲅鱼圈海域	0.28
2	锦州湾海域	0.09
3	复州湾海域	0.08
4	双台子河口海域	0.05
5	金州湾海域	0.04
6	普兰店湾海域	0.03
7	连山湾海域	0.02
8	葫芦山湾海域	0.02
9	六股河口海域	0.01
10	芷锚湾海域	<0.01
11	马家咀海域	<0.01
12	营城子湾海域	<0.01
13	羊头湾海域	−1

（4）在辽东湾近岸十三处海域的 63 处重点海洋功能区中，有 22 处已遭到 COD、无机氮和无机磷较严重的污染，其剩余环境容量为负值，即容量超标。上述功能区应列为近期相应污染物的减排重点（表 3-48）。

表 3-48　辽东湾近岸海域重点功能区超标污染物种类

海域	功能区名称	超标污染物种类
连山湾海域	滨海矿产与能源区	COD
	曹庄港口航运区	COD
	兴城海滨旅游休闲娱乐区	COD
锦州湾海域	望海寺旅游休闲娱乐区	无机氮
	葫芦岛特殊利用区	无机氮
	锦州湾港口航运区	无机氮
	锦州湾工业与城镇用海区	无机氮
	大笔架山海洋保护区	无机氮
	小笔架山旅游休闲娱乐区	无机氮
	龙栖湾工业与城镇用海区	无机氮
	龙栖湾港口航运区	无机氮
鲅鱼圈海域	太平湾港口航运区	无机氮
	盖州白沙湾旅游休闲娱乐区	无机氮
复州湾海域	仙人岛旅游休闲娱乐区	无机氮
葫芦山湾海域	沙山湾旅游休闲娱乐与	无机氮
普兰店湾海域	鹿鸣岛北海域旅游休闲娱乐区	无机氮
		无机磷
	北海湾保留区	无机磷
金州湾海域	金州湾沿岸工业与城镇用海区	COD
	金州湾工业与城镇用海区	无机氮
	金州湾南部工业与城镇用海区	无机氮
营城子湾海域	营城子湾特殊利用区	无机磷
羊头湾海域	羊头湾港口航运区	无机磷

综上所述，可见对辽东湾近岸海域而言，控制陆源排污总量的重点依然是无机氮、无机磷和 COD。

4 污染物总量控制研究及计算方法

4.1 概　　述

4.1.1　基本概念

　　污染物总量控制是指根据一个流域、地区或区域的自然环境和自净能力，依据环境质量标准，控制污染源的排污总量，把污染源负荷总量控制在自然环境的承载能力范围之内。水污染物总量控制的核心思想，是根据流域或区域社会经济发展状况，通过治污与经济发展的不断平衡，逐步将污染物排污总量控制在水环境的承载能力范围之内的过程。

　　依据总量获得方法的不同，总量控制可以分为目标总量控制、容量总量控制以及行业总量控制；依据区域大小和污染物的不同，可以分为区域总量控制、水系总量控制、特定污染物的总量控制；依据研究对象的不同，可以分为纳污水体污染物总量控制、排污口总量控制和污染物排放源总量控制；目前，在研究及应用领域中，普遍采用第一种分类方法（杨桐和杨常亮，2011）。

　　目标总量控制是指从污染源的可控性出发，强调控制目标，强调控制技术和社会经济可行性的总量控制类型。而容量总量控制是通过环境目标可达性评价和污染源可控性研究进行环境、技术和经济效益的系统分析，制订出可供实施的规划方案，调整和控制人为排污，使之满足环境保护目标的要求。行业总量控制则是从行业生产工艺着手，通过控制生产过程中的资源和能源的投入以及控制污染源的产生，使排放的污染物总量限制在管理目标所规定的限额之内（黄秀清等，2008）。

4.1.2　污染物总量控制的必要性

　　我国以往的环境管理政策一直都是以浓度控制为核心的，所谓浓度控制是指以控制污染源排放口排放污染物的浓度为主体的环境管理方法体系（肖建华，2016）。从国际看，浓度排放标准是促进工业环保技术进步的基本动力，没有任何一项其他措施能够达到如此广泛、深刻的作用。浓度控制政策对中国也起过很大作用。在环境治理的初期，中国的污染控制战略主要是建立在污染物排放标准的基础上，即依靠控制污染物的排放浓度来实施环境政策和环境管理（施问超等，2010）。但是随着经济社会不断发展，浓度控制渐渐不能满足环境质量的管理要求，总量控制概念便应时而生。相较于浓度控制，总量控制有以下优点（宋国君，2000）。

1）总量控制管理的是排污单位，符合市场经济体制的规则

浓度控制是针对每一个污染源排放口做出相应的指标规定，也就是说浓度控制的管理对象是具体到单个污染源的。国外也有类似的政策。例如，美国的新污染源性能标准（new source performance standards，NSPS）。但是从排放源角度，影响环境质量的因素除了污染源排放浓度还有污染物排放时间，浓度控制由于缺少对污染物排放时间的限制，所以难以控制污染物的长期排放量。

总量控制通过相关的法律法规约束相关企业，限制其污染物排放的总量，其管理对象是企业而不是具体的污染源排放口。相关企业在规定的污染物排放总量范围内自行安排各个污染源的排放，一旦排放总量超额则视为违法排放，企业及法人将接受相应的处罚（黄良民，2007）。

2）总量控制比浓度控制更加具有执行性

浓度控制的标准并非十分严谨。例如，浓度控制标准中有对最高允许排放浓度做规定，而没有对最大持续排放时间做出具体的规定。实际生产过程中影响污染物排放量和排放浓度的因素有很多，可一般的标准也只考虑到了生产负荷，这就为执法留下很多问题，除非安装连续监测装置，否则很难知道污染物的最高排放浓度是否超标。而且，即使监测到了超标的最高排放浓度，对于全年中只有短时超标这样的特殊情况，执法处理也十分困难，若按全年超标，则明显不合理。这样一来，就会造成许多纠纷与诉讼，归根结底是执法标准的不严格。

总量控制则是针对企业一般以年为单位进行污染控制管理。这样执行尺度的放宽会直接增加其可执行性，并且降低了执法成本。企业有了履行责任的灵活性也就有可能减少纠纷与诉讼，改善了执法效果。

3）总量控制比浓度控制的污染控制成本低

从污染源的控制成本来说，不同污染源削减污染物的成本往往相差很大，而浓度控制却要求各污染源一律按照某一规定的排放限制进行污染物削减排放工作，并且浓度控制也不注重污染物治理的优先次序。因此，浓度控制不能实现污染治理资源的合理化使用，并且造成了污染治理资金的不合理分配。

从执法成本来说，浓度控制往往忽视不同污染源的排污行为在空间、时间等方面上的不同，就会产生高昂的监测成本。由于浓度控制忽略各排污地区的水文条件、气象特点和对污染物的吸纳和讲解能力方面的差异，导致有些地区出现过度保护状态，而有些地区则是欠保护状态。这样一来，就会降低治污资金的使用效率，浪费国家有限的财政资源。

总量控制则只是约束到企业，企业对污染物如何削减排放等治污工作有充分地自主选择权，由于企业的经营性质，则会主动选择性价比高的方式进行污染治理，从而达到了节约治污成本的目的。

4）总量控制比浓度控制更加严格

就浓度控制和总量控制的定义看，我们难以从概念上判断究竟哪个更严格，而对于具体地区则是可以比较的。比较的方法是计算出该区域内所有的污染源达标后的排放量，再同总量控制指标相比较。从实施的效果看，总量控制会比浓度控制更为严格。另外，排污者利用技术复杂性寻找借口的机会将会大大减少。

1996 年我国修订后重新颁布的《中华人民共和国水污染防治法》新增第十六条规定："省级以上人民政府对实现水污染物达标排放仍不能达到国家规定的水环境质量标准的水体，可以实施重点污染物排放的总量控制制度，并对有排放量削减任务的企业实施重点污染物排放量的核定制定。"由此看出，总量控制比浓度控制更为严格。

5）总量控制比浓度控制更能适应政策的变化

由于浓度控制将污染治理责任和治理行动分开，所以在建立与完善社会主义市场经济体制的过程中，浓度控制不利于市场机制政策的引入。而总量控制则可以在一定程度上将治理责任和治理行动结合起来，而总量控制指标是可分割的，从而为引入市场机制的环境政策提供了机会。

4.1.3　国外污染物总量控制发展历程

1）美国总量控制体系（total maximum daily loads，TMDL）

美国环境保护署最早提出水污染物总量控制概念，并逐步将水质标准和水污染物总量控制关联起来。1965 年，美国通过了《联邦水污染控制法》的修正案，确定了以水质标准为依据的水污染管理办法（Jacobson et al.，2014）。但当时的调查显示，40%的水体水质未达到水质标准，管理办法对于水质的改善收效甚微（张文静等，2016）。为了更有效地改善污染水体水质，1972 年美国颁布实施了《清洁水法案》。《清洁水法案》第 303(d) 条款将水体点源和非点源污染纳入统一管理范围，对各州、领地水域水体的水质标准和相应的 TMDL 计划的制定和实施都做了相应的具体规定。TMDL 计划的核心思想是指在满足水质标准的条件下，水体能够接受的某种污染物的最大日负荷总量（杨龙等，2008）。截至 2010 年 2 月，美国各州制订的 TMDL 计划数量已达到 40 000 个以上，同时计划接下来的 8～13 年，仍需实施 70 000 个 TMDL 计划。美国对非点源污染的研究已经有 30 年，随着 TMDL 计划的不断完善，点源和非点源污染都得到有效控制，水体水质改善效果十分明显（倪晓，2012）。

2）日本总量控制体系（total pollutant load control system，TPLCS）

1970 年，日本制定了《水质污染防治法》，对化学需氧量、生化需氧量等废水排放标准做出了规定，开始了以浓度控制为核心的治理阶段；1973 年，日本颁布了《濑户内海环境保护临时措施法》，首次在废水污染物排放管理中提出了总量控制的概念（Duka et al., 1996）；1978 年修订为《濑户内海环境保护特别措施法》，确定开始实行 TPLCS 规划（钱国栋，2012）。从 1979 年起，日本开始在污染显著的封闭性水域，如东京湾、伊势湾及濑户内海对 COD 污染物实行第一次总量控制，而后定期更新总量控制规划。至 2006 年，日本先后共实施了 6 次区域水污染物总量减排计划，水污染物总量控制指标从单一的 COD 控制转向了 COD 和氮磷综合控制，涉及工厂企业、生活污染、农业、畜牧业、生态保护等不同行业和不同设施，共计 215 个大类（张文静等，2016）。水污染物总量制度的实施，使得日本污染极为严重的海域和河川的水质得到了改善，恶臭现象减少，成功减少了相关水域的污染负荷量。东京湾和大阪湾水质趋向改善，赤潮发生次数逐年减少。

　　3）欧洲

　　1960～1980 年，欧洲波罗的海、北海和黑海等半封闭大型海域富营养化问题突出，削减污染物排放总量，改善海水水质成为各海域沿岸国家必须共同面对的问题。20 世纪 90 年代，欧洲污染物总量控制管理处于控制排放污染物限值阶段，各国更加关注从源头控制水体污染。欧洲理事会于 1991 年颁布了《市政污水处理指令》（UWWTD）和《硝酸盐指令》；欧盟于 1996 年颁布了《综合污染防治指令》（IPPC），但各项指令的实施并没有很好地解决水污染问题。2000 年欧盟颁布实施了《水框架指令》（WFD），这标志着欧盟水政策进入了综合和全方位管理的新阶段（王晓燕，2012）。

4.1.4　我国污染物总量控制研究

　　随着对水环境管理的深入，我国有关部门和环境管理工作者逐步意识到单靠对污染源实行浓度控制无法有效地改善水环境质量，所以自 20 世纪 70 年代末起，我国开始加入水环境污染总量控制的研究行列，松花江生化需氧量（BOD）总量控制标准的制定标志着我国迈出了对污染物总量控制探索与实践的第一步（王春磊，2016）。我国研究人员在"六五"期间，针对沱江水域进行了水环境容量、污染负荷总量分配的研究和水环境容量的定量评价（侯杰男，2014）；在"七五"期间，陆续以黄河、长江、淮河的某些河段和胶州湾、白洋淀等水域为研究对象，进行了以总量控制规划为基础的水环境功能区划和排污许可证发放的研究（刘文琨等，2011）。"十五"期间，我国研究人员针对流域水污染物总量控制的问题以辽河流域和三峡库区为研究对象进行了具体分析，完善和规范以河流和湖泊（库区）为对象的水污染总量核定、分配和监控技术，并在"十一五"期间水污染物总量控制管理中应用了其部分研究成果，也为后续的国家流域水环境管理战略提供了参考。2013 年，王金坑（2013）对 2008 年海洋公益性行业科研专项经费重点项目（该项目在国内外总量控制与减排技术研究和评估的基础上，选择胶州湾、灌河口、杭州湾、罗源湾、泉州湾、廉州湾等典型示范海域，海域污染源与环境质量调查评价，筛选并优化适用我国典型海域的环境容量计算模式及控制条件）进行了系统的总结，初步形成一套可行的入海污染物总量控制技术与方法。2014年，刘爽等（2014）运用一维稳态水质模型和水环境容量模型，计算了产业园规划实施后渭河常兴段的水环境容量，说明了规划实施对区域水环境的影响，并提出了产业园总量控制建议指标，为规划环评中水环境容量计算和总量控制指标分析提供借鉴（刘爽等，2014）。2015 年，李岩等以莱州湾为研究对象，建立了一种聚类抽点检验方法，此方法筛选出的近海污染物总量控制水质监测布设站位既可以有效监控排污口，又可以使水质平面分布准确表征水质分布的规律（李岩等，2015；张龙军，2015）。

4.1.5　我国污染物总量控制制度发展历程

　　1986 年，国务院环境保护委员会颁布了《关于防治水污染技术政策的规定》，该规定明确指出："对流域、区域、城市、地区以及工厂企业污染物的排放要实行总量控制。"这是我国关于污染物总量控制制度第一次出现在国家层面的规范性文件中（田其云和黄彪，2014）。1988 年 3 月，国家环保局关于以总量控制为核心的《水污染排放许可证管理暂行办法》和开展排放许可证试点工作通知的下达，标志着我国开始进入总量控制、强化水环境管理的新阶段（冯金鹏等，2004；张燕，2007）。1996 年《中华人民共和国水污染防治法》新增第十六条规定："省级以上人民政府对实现水污染物达标排放不能达到国家规定的水环境质量标准的水体，可以实施重点污染物排放的总量控制制度，并对有排污量削减任务的企业实施该重点污染物排放量的核定制度。"1996 年 8 月，国务院《关于环境保护若干问题的决定》中提出"要实施污染物排放总量控制，建立总量控制指标体系和定期公布制度"，确立了污染物排放总量控制是国家实现"九五"期间环境保护目标所采取的重大举措（张修宇和陈海涛，2011）。同年全国人民代表大会通过了《中华人民共和国国民经济和社会发展"九五"计划和 2010 年远景目标纲要》，其中提出"创造条件实施污染物排放总量控制"（杨潇和曹英志，2013）。从"九五"到"十二五"，回顾我国总量控制制度走过的四个五年计划："九五"期间总量控制制度的正式起步；"十五"期间由于经济的超预期发展和结构变化导致的总量控制目标的"基本落空"；"十一五"期间将总量控制提升到国家战略高度；"十二五"期间的总量控制制度进一步优化拓展（马昌盛，2013；王金南等，2015），不难看出我国一直没有停下脚步，不停地在污染物总量控制制度的研究道路上摸索前行。目前，正值"十三五"期间，经济不断发展、人民日益增长的生态需求与环境的矛盾形势依旧严峻，完善污染物总量控制制度之路任重而道远（苏新杰，2016）。

　　诚然，我国污染物总量控制制度的实施对提高污染防治水平、促进产业结构调整、减缓生态环境恶化起到了一定的积极作用（余游和白翠，2012）。但目前仍然存在着一些急需解决的问题。

（1）统计数据不全面，总量基数不准确。制订总量控制计划首先要确定总量基数，而由于多年来我国环境管理体制是以浓度控制为基础，环境统计数据仅包括县属以上企业，忽视了已占我国半壁江山的民营及乡镇企业，为后续总量控制规划的制定造成了一定困难。

（2）忽视非点源污染负荷。在水污染总量控制中污染负荷是十分重要的一个指标。污染负荷现状决定着污染负荷分配和污染负荷消减。我国目前水体污染中农业非点源污染也占到污染总量的 35%。例如，我国的太湖、滇池流域等，非点源污染的贡献已经达到总体污染的 70%，远高于城市生活排放和工业污染排放量。目前我国各项规定都主要建立在点源污染上，忽略了非点源污染负荷的贡献。要想在根本上控制水体污染，需根据不同水体污染的类型在污染总负荷中所占的比例进行分别治理（陈力群，2004）。

（3）国家对地方污染物排放总量减排考核中，除了国控源和污染物排放达到一定规模的排放源必须安装在线监测，可以全过程监控外，其余的减排项目一般以材料审核结果为主，辅助以现场实地抽查，因而上级部门很难对减排项目的污染物排放总量流程进行有效监督和管控，难以保证污染物排放总量减排考核结果的科学性、准确性。

4.2 污染物总量分配技术

4.2.1 总量分配的基本原理

资源合理配置有两种表述方式（史忠良和肖四如，1990）：第一，使有限的资源产生最大的效益；第二，为取得预定的效益尽可能少地消耗资源。前者要求在资源定量条件下，通过合理安排、组合，达到产出效益最大化；后者是为了既定的效益目标，合理地组织、安排各种资源的使用，使总的资源成本最小。环境容量也是一种资源，因此，容量总量的资源利用效率，应尽可能获得最大的效益，为促进当地社会经济的发展提供科学依据与决策指引。而在资源条件约束下，要取得尽可能大的效益，实现资源的优化配置，在资源配置中所采用的技术应能同时兼顾经济效益最优、社会效益最优、生态环境效益最优和综合效益最优四个方面（王金坑，2013）。

4.2.2 总量分配的一般原则

总量分配原则根据立足点等方面的不同，有不同的表述。常见的有两种：第一种包括等比例分配原则、费用最小分配原则、按污染物毒性大小承担污染责任分担率分配原则、按贡献率削减排放量分配原则、按污染范围和程度大小分配原则和按企业污染治理先进性考虑污染责任分担率和削减率分配原则；第二种包括可持续性分配原则、公平性分配原则、效益性分配原则、技术可行性分配原则、方案可操作性分配原则、非经济要素标准分配原则、清洁生产分配原则、先易后难分配原则、不重复削减分配原则、重点控制分配原则、集中控制分配原则和公正分配原则（程玲玲和夏峰，2012）。其中：

1）等比例分配原则

等比例分配原则指的是各污染源等比例分担排放责任，以承认污染源排污现状为前提，把总量控制确定的允许排污总量等比例分配到各污染源的原则。

2）费用最小分配原则

费用最小分配原则指的是经济优化规划分配原则，是一种以经济模型为基础，以达到经济利益最大化为准则，以治理费用最小为目标函数，以环境目标值作为约束条件，使系统的污染治理投资费用总和最小的原则。

3）按污染物毒性大小承担污染责任分担率分配原则

按污染物毒性大小承担污染责任分担率分配原则指的是在排污总量或排污责任分担率的分配过程中，对毒性大、危害严重的危险污染物应提高其治污责任，加强其污染责任分配比例的原则。

4）按贡献率削减排放量分配原则

按贡献率削减排放量分配原则指的是按各个污染源对总量控制区域内水质影响程度大小、污染物贡献率的大小来削减污染负荷，对水质影响大的污染源要多削减，反之则少削减的原则。它体现了每个排污者平等共享水环境容量资源，同时也平等承担超过其允许负荷量的责任。

5）按污染范围和程度大小分配原则

按污染范围和程度大小分配原则是考虑到在功能区或污染控制单元内污染源的位置不同，有的污染源污染影响距离长、面积大，有的污染源污染影响距离短、面积小，造成各污染源的污染影响的范围和程度不同，从而将其作为污染责任分担率的重要因素。

6）按企业污染治理先进性考虑污染责任分担率和削减率分配原则

按企业污染治理先进性考虑污染责任分担率和削减率分配原则是考虑由于各企业污染治理技术的先进性程度不同，造成各企业的污染排放总量及浓度对环境的影响不同，治污成本也存在差异，所以也将它作为污染责任分担率和削减率的重要因素之一。

7）重点控制分配原则

二八定律认为一个关键的小的诱因、投入和努力，通常可以得到大的结果、产出和酬劳。遵循二八定律，应当首先对重点排污单位进行容量总量控制。

8）先易后难分配原则

先易后难分配原则是指首先对浓度和行业总量未达标企业进行总量削减，在浓度达标排放之后，再对总量负荷的削减量进行分配的原则。

9）集中控制分配原则

集中控制分配原则是指首先考虑对位置临近、污染物种类相同的污染源实行集中控制，然后再将排污量余量分配给其他污染源的原则。

4.3　入海污染物总量控制方案编制

4.3.1　入海污染物总量控制方案概念

入海污染物总量控制方案是指应用各种科技信息，根据研究区域主要污染物入海数量和入海污染源分布状况，在海域环境质量状况调查和评价以及海域环境动力学研究的基础上，预测入海污染物总量变化的趋势，并进行综合分析。为了达到预期的控制目标，建立主要污染物负荷分配模型，优化计算做出的带有指令性质的污染物排放总量控制方案并提出其总量控制方案的保障措施，为海域环境保护管理提供科学依据（戴娟娟等，2014）。

4.3.2　入海污染物总量控制方案的基本原则

制订入海污染物总量控制方案的基本原则如下。

1）海陆统筹、河海兼顾原则

方案应综合考虑研究区域内的沿海陆域和入海河流污染防治，有效控制和削减研究区域的污染物排放，实现海陆一体的监测、监管和评估。

2）因地制宜、突出重点原则

方案应根据研究区域的自然属性特征、生态环境特征、社会经济特征，实行分类指导，制定总量控制目标，提出总量控制方案，确保海域环境保护和生态建设措施制定的科学性和可操作性。

3）科学编制、分步实施原则

方案的编制应兼顾长远的海洋生态安全与健康，科学制订，根据实际需要和基础条件，合理安排实施步骤。

4）防治并举、综合整治原则

方案应坚持标本兼职，预防与治理并重，综合采取工程与非工程、污染治理与生态修复、政策支持与体制创新等各种有效措施，切实提高治理水平和保护效果。

4.3.3 入海污染物总量控制方案的编制程序及主要内容

入海污染物总量控制方案的编制程序见图 4-1。

图 4-1 入海污染物总量控制方案的编制程序图

入海污染物总量控制方案的主要内容包括以下八个方面（王金坑，2013）。

1）现状调查与评价

通过现状调查与评价，了解研究区域范围内的主要资源的利用状况，掌握海洋生态环境质量的总体水平和变化趋势，明确区域海洋污染的主要污染因子，辨析制约区域海洋环境质量改善的主要资源和环境因素。现状调查与评价一般包括自然概况、社会经济概况、海洋环境质量与生态状况等内容。现状调查可充分搜集和利用近期（一般为 3～5 年）已有的有效资料。当已有资料不能满足调查要求，需进行补充调查和现场监测。

2）污染源预测

在现有污染源调查的基础上，结合社会经济现状，对研究区域近期和远期的各类污染源排放量和主要污染物排放量进行预测。通过污染源预测，确定研究期内不同阶段主要污染源、主要污染物排放负荷的发展趋势及发展特征。一般包括对陆域点源污染、陆域非点源污染、海上污染源等的预测。

3）环境容量计算与污染物总量分配

结合有关可应用于海洋环境容量计算的数值模型，对海洋环境容量进行计算。通过对入海污染物总量进行分配，核算和合理调配各个总量控制单元污染物允许排放量，识别需要进行污染负荷削减的总量控制单元，明确需要削减的污染物总量。

4）总量控制方案目标制定

根据环境容量计算结果明确海域各污染物允许排放总量，综合考虑行政区划、地区经济发展水平等提出可供各级政府部门管理的切合实际的总量控制指标及目标，对比各污染源排放现状水平以及研究区未来预测的污染物新增量，确定总量控制任务与削减方案。在海域污染总量控制的基准年，需要根据海洋开发的程度和海洋功能的目标要求，合理确定总量控制的区域总目标，并根据控制能力和发展需求做出目标分解方案，运用环境预测、总量分配、分担率和削减量等手段，有步骤地进行调控，提出相应的分期目标。

5）总量控制与减排方案的主要任务确定

可从产业布局优化及产业结构调整、排污口污染控制与优化调整任务、城镇污水和城乡垃圾处理、工业点源污染治理、陆域非点源污染治理、海域污染治理等方面提出。措施及对策应具有可操作性，能够解决研究区域存在的主要环境问题，保证研究区域在规定期限内实现总量控制目标。

6）总量控制与减排重点建设项目

入海污染物总量控制与减排重点建设项目的确定应围绕主要任务，并具有针对性，为实施方案主要内容和实现方案阶段性目标提供支持。

7）总量控制监测与考核方案编制

总量控制监测与考核方案，是通过监测了解和掌握研究区域范围内入海污染源主要污染物排放量的变化和海域水质控制点的水质变化，通过考核，分析各入海排污口主要污染物的达标情况，掌握总量控制效果。还应从技术和管理角度提出建立健全总量控制监测体系的措施。

8）总量控制与减排方案的保障措施

方案的保障措施包括组织能力保障、法规政策保障、科技保障、宣传保障和资金保障等。

4.4　总量控制方法

4.4.1　基于效率分配方法

该方法是要求实现一定环境目标前提下，区域污染治理费用最低或经济效益最大（傅国伟，1993）。

1）治理费用最小分配模型

治理费用最小化的分配模型有很多，其中最常采用的是线性分配模型：

$$\min F = \sum C_i' \Delta m_{io}$$
$$\text{s.t.} \sum = (m - \Delta m) \leqslant Q$$
$$0 \leqslant \Delta m_{io} \leqslant m_{io}$$

式中，F——控制区域内总治理费用（万元/a）；

　　C_i'——第 i 污染源削减水污染物的费用（万元/t）；

　　Δm_{io}——第 i 污染源削减量（t/a）；

　　Q——控制区域内的容量总 t 控制指标（t/a）。

2）满意度分配方法

满意度模型如下：

$$\delta_i = \frac{g_i}{F_i}$$

式中，δ_i——污染物边际效益与边际费用的比值；

g_i——污染物的边际效益，指在现有排放水平上再增加单位排污量所得的经济效益；

F_i——污染物的边际费用，指在现有排污水平上再削减单位排污量所需的治理费用。

4.4.2　等比例分配方法

等比例分配方法是指在污染源排污现状的基础上，将总量控制系统内的允许排污总量等比例地分配到污染源，各污染源等比例分担排放责任。它是一种比较简单易行的分配方法，包含下列 3 种形式。

1）等比例分配

模型为

$$\Delta C_{oik} = \Delta C_{ok}\frac{C_{oik}}{\displaystyle\sum_{i=1}^{m}C_{oik}}\qquad (i=1,2,\cdots,m;k=1,2,\cdots,n)$$

$$n_{ik} = \frac{\Delta C_{oik}}{\displaystyle\sum_{i=1}^{m}C_{oik}}\qquad (i=1,2,\cdots,m;k=1,2,\cdots,n)$$

$$p_i = p_{oi} - \eta_{ik}p_{oi} = p_{oi}\left[1 - \frac{\Delta C_{oik}}{\displaystyle\sum_{i=1}^{m}C_{oik}}\right]\qquad (i=1,2,\cdots,m;k=1,2,\cdots,n)$$

式中，ΔC_{oik}——第 i 污染源对 k 水质控制点贡献浓度的超标量；

ΔC_{ok}——各污染源对 k 水质控制点贡献浓度的总超标量，$\Delta C_{ok} = C_{oko} - C_{ok}$，$C_{ok}$ 为规划区内水质控制点 k 的水质目标，C_{oko} 为规划区内水质控制点 k 的现状水质；

C_{oik}——第 i 污染源对 k 水质控制点的浓度贡献率；

η_{ik}——污染源削减率；

m——规划区内污染源个数；

n——规划区内水质控制点个数；

p_i——第 i 污染源规划排污负荷量；

p_{oi}——第 i 污染源现状排污量。

2）排污标准加权分配

考虑各行业排污情况的差异，以污水综合排放标准所列各行业污水排放标准为依据，按不同权重分配各行业排放量，同行业按比例分配。

3）分区加权分配

将所有参加排放总量的污染源划分为若干个控制区或控制单元，根据与区域或单元相应的水环境目标要求，确定出各区域或单位的削减权重，将排污总量按权重分配到各区，区域内仍按等比例分配方法将总量负荷指标分配到各污染源。

4.4.3　基于污染源分配率方法

1）污染源允许入海负荷量的计算

污染源允许入海负荷量的定义是，在满足一定水质标准要求的条件下，各个污染源允许输入的某污染物质的最大入海负荷量。目标海区某污染物质的总入海负荷量为目标海区中各污染源入海负荷量之和（方秦华等，2004）。即

$$Q_k = \sum_{i=1}^{n} Q_i \qquad (i=1,2,\cdots,n)$$

式中，Q_k——目标海区某污染物入海负荷量总和；

Q_i——目标海区某污染物第 i 个污染源允许入海负荷量。

2）污染源分配率模型

将目标海区中各污染源实际入海负荷量占目标海区总负荷量的比值，定义为污染源分配率（分配比例）。

$$k_i = \frac{Q_i}{Q_k} \times 100$$

式中，k_i——第 i 个污染源的比例。

3）污染源入海负荷量再分配

将目标海区某污染物质现状总入海负荷量与该海区第 i 个污染源的分配率之积，定义为第 i 个污染源再分配入海负荷量。即

$$Q_{ikr} = Q_r \times k_i$$

式中，Q_{ikr}——第 i 个污染源再分配入海负荷量；

Q_r——目标海区某污染物现状总入海负荷量。

4）污染源削减量及再分配模型

在目标海区中第 i 个污染源某污染物质输出响应浓度超标的情况下，应削减某些污染源的入海负荷量。将实际入海负荷量减去允许入海负荷量，即为削减量。设 Q_{di} 为第 i 个污染源的入海削减负荷量，则

$$Q_{di} = Q_r - Q_i$$

当 $Q_{di} \leq 0$ 时不需削减，当 $Q_{di} > 0$ 时应进行削减。并对某污染源的负荷量进行再分配，分配原则：

（1）优先分配给邻近的污染源（如有剩余容量）；

（2）深海排放（环境风险可控及经济条件允许条件下）；

（3）陆上处理。

选择哪种处理，应对自然条件和经济造价评估而定。还有"按贡献率分配方法""基于容量总量分配方法""投入产出法分配"等。

5 辽东湾近岸海域主要污染物总量控制计算与分析

5.1 近岸各海域计算结果

5.1.1 芷锚湾海域

1. COD

由表 3-8 可知，芷锚湾海域 0101～0104 拟设污染源邻近功能区 COD 的标准环境容量分别为 3424 t/a、5813 t/a、7717 t/a 和 8346 t/a。依据上述环境容量计算方法，上述标准环境容量值也即 0101～0104 拟设污染源的 COD 模拟最大允许排污量（排海通量），下同。其分配比例见表 5-1。

表 5-1 芷锚湾海域 COD 分配比例

拟设污染源	最大允许排海通量/（t/a）	分配比例/%
0101	3424	13.5
0102	5813	23.0
0103	7717	30.5
0104	8346	33.0

由表 5-1 可知,芷锚湾海域各拟设污染源 COD 最大允许排海通量和分配比例。其中 0104 污染源最大允许排海通量为 8346 t/a，占总排海通量的 33.0%；其次是 0103 污染源，最大允许排海通量为 7717 t/a，占总排海通量的 30.5%；0101 污染源最大允许排海通量最小，为 3424 t/a，仅占总排海通量的 13.5%。

进而计算芷锚湾海域 0101～0104 拟设污染源 COD 的再分配排海通量，结果见表 5-2。

表 5-2 芷锚湾海域 COD 现状环境容量及再分配排海通量

拟设污染源	分配比例/%	现状容量/（t/a）	再分配排海通量/（t/a）	差值/（t/a）
0101	13.5	2295.43	2011.97	283.46
0102	23.0	4161.07	3427.81	733.26
0103	30.5	2682.01	4545.57	−1863.56
0104	33.0	5765.00	4918.16	846.84

由表 5-2 可知，除拟设 0103 污染源外，其余拟设污染源邻近功能区 COD 的环境容量均超出其再分配通量。由于芷锚湾海域 0101～0104 拟设污染源邻近功能

区 COD 均尚有环境容量，故不对其按照现状环境容量与再分配排海通量的差值进行削减或增加的调配。

2. 无机氮

芷锚湾海域 0101～0104 拟设污染源邻近功能区无机氮的标准环境容量分别为 342 t/a、581 t/a、772 t/a 和 835 t/a（表 3-8），即该 4 处拟设污染源无机氮的最大允许排海量及其分配比例见表 5-3。

表 5-3　芷锚湾海域无机氮分配比例

拟设污染源	最大允许排海通量/(t/a)	分配比例/%
0101	342	13.5
0102	581	23.0
0103	772	30.5
0104	835	33.0

从该表可知，0104 污染源无机氮最大允许排海通量为 835 t/a，占总排海通量的 33.0%；0103 污染源次之，最大允许排海通量为 772 t/a，占总排海通量的 30.5%；0101 污染源最大允许排海通量最小，为 342 t/a，仅占总排海通量的 13.5%。

该海域各拟设污染源无机氮的再分配排海通量见表 5-4。

表 5-4　芷锚湾海域无机氮现状环境容量及再分配排海通量

拟设污染源	分配比例/%	现状容量/(t/a)	再分配排海通量/(t/a)	差值/(t/a)
0101	13.5	105.65	94.65	11.00
0102	23.0	199.29	161.26	38.03
0103	30.5	129.66	213.84	−84.18
0104	33.0	266.52	231.37	35.15

因此，除 0103 污染源外，其余拟设污染源无机氮的现状环境容量均超出其再分配排海通量。鉴于芷锚湾海域各污染源邻近功能区无机氮均尚有环境容量，故不对其再分配排海通量做进一步的调配。

3. 无机磷

芷锚湾海域 0101～0104 拟设污染源邻近功能区无机磷的标准环境容量分别为 37 t/a、62 t/a、68 t/a 和 84 t/a，即相应上述 4 处拟设污染源无机磷的最大允许排海通量及其分配比例见表 5-5。

表 5-5　芷锚湾海域无机磷分配比例

拟设污染源	最大允许排海通量/（t/a)	分配比例/%
0101	37	14.7
0102	62	24.7
0103	68	27.1
0104	84	33.4

从上表可知，芷锚湾海域各拟设污染源无机氮的最大允许排海通量以 0104 污染源最大，为 84 t/a，占总排海通量的比例最高，为 33.4%；其次为 0103 污染源，相应允许排海通量为 68 t/a，占总排海通量的 27.1%；而 0101 污染源最小，为 37 t/a，占比例最小，仅为 14.7%。

该海域各拟设污染源无机磷的再分配排海通量见表 5-6。

表 5-6　芷锚湾海域无机磷现状环境容量及再分配排海通量

拟设污染源	分配比例/%	现状容量/（t/a)	再分配排海通量/（t/a)	差值/（t/a)
0101	14.7	24.491	24.107	0.384
0102	24.7	46.821	40.506	6.315
0103	27.1	29.893	44.442	−14.549
0104	33.4	62.788	54.774	8.014

与 COD 和无机氮一样，除 0103 拟设污染源外，0101、0102 和 0104 污染源无机磷的再分配排海通量均未超出临近功能区的现状环境容量，故无需对其进行增（减）调配。

综上容量计算，芷锚湾海域拟设 4 处污染源 COD、无机氮和无机磷的排海通量无需削减，该海域各功能区的海水水质也能满足功能区划规定的环境保护指标（表 5-7）。

表 5-7　芷锚湾海域 COD、无机氮、无机磷削减量

拟设污染源	COD 削减量/（t/a)	无机氮削减量/（t/a)	无机磷削减量/（t/a)
0101	/	/	/
0102	/	/	/
0103	/	/	/
0104	/	/	/

注："/"代表不需要削减。

5.1.2　六股河口海域

1. COD

六股河口海域 0201～0202 拟设污染源邻近功能区 COD 的标准环境容量分别为 2864 t/a 和 24 264 t/a。依据上述环境容量计算方法，算得的 0201～0202 拟设污染源 COD 最大允许排海通量的分配比例见表 5-8。

　　表 5-8 为六股河口海域各拟设污染源 COD 的最大允许排海通量和分配比例。其中 0201 污染源最大允许排海通量为 2864 t/a，占总排海通量的 10.6%；0202 污染源最大允许排海通量为 24 264 t/a，占总排海通量的 89.4%。显然，0202 污染源排海通量远大于 0201 排海通量。

　　进而计算六股河口海域 0201～0202 拟设污染源 COD 的再分配排海通量，结果列于表 5-9。

表 5-8　六股河口海域 COD 分配比例

拟设污染源	最大允许排海通量/（t/a）	分配比例/%
0201	2 864	10.6
0202	24 264	89.4

表 5-9　六股河口海域 COD 现状环境容量及再分配排海通量

拟设污染源	分配比例/%	现状容量/（t/a）	再分配排海通量/（t/a）	差值/（t/a）
0201	10.6	1 579.91	1 566.79	13.12
0202	89.4	13 201.14	13 214.26	−13.12

　　由上表可知，0201 污染源超出再分配排海通量 13.12 t/a，由于六股河口海域各拟设污染源 COD 尚有环境容量，故不对其按照现状环境容量与再分配排海通量的差值进行减少或者增加的调配。但在该海域若需增大 COD 排海通量，可优先考虑在 0202 污染源处。

　　2. 无机氮

　　六股河口海域各拟设污染源无机氮的最大允许排海通量和分配比例见表 5-10。其中 0201 污染源最大允许排海通量为 286 t/a，占总排海通量的 10.5%；0202 污染源最大允许排海通量为 2426 t/a，占总排海通量的 89.5%。

表 5-10　六股河口海域无机氮分配比例

拟设污染源	最大允许排海通量/（t/a）	分配比例/%
0201	286	10.5
0202	2 426	89.5

　　进而计算六股河口海域 0201～0202 拟设污染源无机氮的再分配排海通量，结果列于表 5-11。

表 5-11　六股河口海域无机氮现状环境容量及再分配排海通量

拟设污染源	分配比例/%	现状容量/（t/a）	再分配排海通量/（t/a）	差值/（t/a）
0201	10.5	74.43	72.61	1.82
0202	89.5	617.08	618.90	−1.82

由上表可知，0201 污染源超出再分配排海通量 1.82 t/a，由于六股河口海域各拟设污染源无机氮尚有环境容量，故不对其按照现状环境容量与再分配排海通量的差值进行减少或者增加的调配。但该海域若需增大无机氮排海通量，可优先考虑在 0202 污染源处。

3. 无机磷

六股河口海域各拟设污染源无机磷的最大允许排海通量和分配比例见表 5-12。其中 0201 污染源最大允许排海通量为 34 t/a，占总排海通量的 11.8%；0202 污染源最大允许排海通量为 253 t/a，占总排海通量的 88.2%。

表 5-12　六股河口海域无机磷分配比例

拟设污染源	最大允许排海通量/（t/a）	分配比例/%
0201	34	11.8
0202	253	88.2

进而计算六股河口海域 0201～0202 拟设污染源无机磷的再分配排海通量，结果列于表 5-13。

表 5-13　六股河口海域无机磷现状环境容量及再分配排海通量

拟设污染源	分配比例/%	现状容量/（t/a）	再分配排海通量/（t/a）	差值/（t/a）
0201	11.8	16.808	18.962	-2.32
0202	88.2	145.265	143.108	2.32

由上表可知，0202 污染源超出再分配排海通量 2.32 t/a，由于六股河口海域各拟设污染源无机磷尚有环境容量，故不对其按照现状环境容量与再分配排海通量的差值进行减少或者增加的调配。但在该海域若需增大无机磷排海通量，可优先考虑在 0201 污染源处。

综上容量计算，六股河口海域拟设两处污染源 COD、无机氮、无机磷的排海通量无需削减，该海域各功能区的海水水质也能满足功能区划规定的环境保护指标（表 5-14）。

表 5-14　六股河口海域 COD、无机氮、无机磷削减量

拟设污染源	COD 削减量/（t/a）	无机氮削减量/（t/a）	无机磷削减量/（t/a）
0201	/	/	/
0202	/	/	/

注："/"代表不需要削减。

5.1.3　连山湾海域

1. COD

连山湾海域 0301～0307 拟设污染源邻近功能区 COD 的标准环境容量分别为 86 t/a、367 t/a、14 t/a 、5890 t/a、295 t/a、2555 t/a、14 002 t/a。7 处拟设污染源 COD 最大允许排海通量的分配比例见表 5-15。

表 5-15　连山湾海域 COD 分配比例

拟设污染源	最大允许排海通量/（t/a）	分配比例/%
0301	86	0.4
0302	367	1.6
0303	14	0.1
0304	5 890	25.4
0305	295	1.3
0306	2 555	11.0
0307	14 002	60.3

由上表可知，表 5-15 为连山湾海域各拟设污染源 COD 的最大允许排海通量和分配比例。其中 0307 污染源最大允许排海通量为 14 002 t/a，占总排海通量的 60.3%；其次是 0306 污染源，最大允许排海通量为 2555 t/a，占总排海通量的 11.0%；0303 污染源最大允许排海通量最小，为 14 t/a，占总排海通量的 0.1%。

进而计算连山湾海域 0301～0307 拟设污染源 COD 的再分配排海通量，结果列于表 5-16。

表 5-16　连山湾海域 COD 现状环境容量及再分配排海通量

拟设污染源	分配比例/%	现状容量/（t/a）	再分配排海通量/（t/a）	差值/（t/a）
0301	0.4	244.91	42.01	202.90
0302	1.6	388.98	168.04	220.94
0303	0.1	2 207.79	10.50	2 197.29
0304	25.4	3 596.82	2 667.59	929.23
0305	1.3	357.76	136.53	221.23
0306	11.0	1 790.01	1 155.26	634.75
0307	60.3	1 916.06	6 332.90	−4 416.84

由上表可知，除 0307 污染源外，其余拟设污染源均超出再分配排海通量，由于连山湾海域 0301、0302、0303 和 0305 污染源 COD 均没有环境容量，且 0301、0302 和 0303 污染源距离 0307 污染源距离较远，深海排放分流，工程造价的成本较高，建议科学对比进行陆上和海上成本。0305 污染源需要削减的排海通量可由 0307 污染源承担。连山湾海域其余各拟设污染源 COD 尚有环境容量，故不对其

按照现状环境容量与再分配排海通量的差值进行减少或者增加的调配。但在该海域若需增大 COD 排海通量，可优先考虑在 0307 污染源处。

2. 无机氮

连山湾海域 0301～0307 拟设污染源邻近功能区无机氮的标准环境容量分别为 33 t/a、80 t/a、1 t/a、800 t/a、81 t/a、356 t/a、1507 t/a。上述环境容量也是 0301～0307 拟设污染源的无机氮模拟最大允许排海通量。其分配比例见表 5-17。

表 5-17　连山湾海域无机氮分配比例

拟设污染源	最大允许排海通量/（t/a）	分配比例/%
0301	33	1.2
0302	80	2.8
0303	1	0.1
0304	800	28.0
0305	81	2.8
0306	356	12.5
0307	1507	52.7

由上表可知，表 5-17 为连山湾海域各拟设污染源无机氮的最大允许排海通量和分配比例。其中 0307 污染源最大允许排海通量为 1507 t/a，占总排海通量的 52.7%；其次是 0304 污染源，最大允许排海通量为 800 t/a，占总排海通量的 28.0%；0303 污染源最大允许排海通量最小，为 1 t/a，占总排海通量的 0.1%。

进而计算连山湾海域 0301～0307 拟设污染源无机氮的再分配排海通量，结果列于表 5-18。

表 5-18　连山湾海域无机氮现状环境容量及再分配排海通量

拟设污染源	分配比例/%	现状容量/（t/a）	再分配排海通量/（t/a）	差值/（t/a）
0301	1.2	4.08	2.22	1.86
0302	2.8	8.04	5.38	2.66
0303	0.1	0.24	0.18	0.06
0304	28.0	81.28	51.77	29.51
0305	2.8	8.16	5.18	2.98
0306	12.5	44.06	23.11	20.95
0307	52.7	39.02	97.43	−58.41

由上表可知，除 0307 污染源外，其余拟设污染源均超出再分配排海通量，由于连山湾海域各拟设污染源无机氮尚有环境容量，故不对其按照现状环境容量与再分配排海通量的差值进行减少或者增加的调配。但在该海域若需增大无机氮排海通量，可优先考虑在 0307 污染源处。

3. 无机磷

连山湾海域 0301～0307 拟设污染源邻近功能区无机磷的标准环境容量分别为 3 t/a、8 t/a、1 t/a、80 t/a、8 t/a、43 t/a、125 t/a。上述环境容量也是 0301～0307 拟设污染源的无机磷模拟最大允许排海通量。其分配比例见表 5-19。

表 5-19 连山湾海域无机磷分配比例

拟设污染源	最大允许排海通量/（t/a）	分配比例/%
0301	3	1.1
0302	8	3.0
0303	1	0.4
0304	80	29.8
0305	8	3.0
0306	43	16.0
0307	125	46.7

由上表可知，表 5-19 为连山湾海域各拟设污染源无机磷的最大允许排海通量和分配比例。其中 0307 污染源最大允许排海通量为 125 t/a，占总排海通量的 46.7%；其次是 0304 污染源，最大允许排海通量为 80 t/a，占总排海通量的 29.8%；0303 污染源最大允许排海通量最小，为 1 t/a，占总排海通量的 0.4%。

进而计算连山湾海域 0301～0307 拟设污染源无机磷的再分配排海通量，结果列于表 5-20。

表 5-20 连山湾海域无机磷现状环境容量及再分配排海通量

拟设污染源	分配比例/%	现状容量/（t/a）	再分配排海通量/（t/a）	差值/（t/a）
0301	1.1	2.329	0.96	1.37
0302	3.0	4.358	2.62	1.74
0303	0.4	1.0	0.35	0.65
0304	29.8	37.001	26.01	10.99
0305	3.0	4.514	2.62	1.90
0306	16.0	17.864	13.96	3.90
0307	46.7	20.205	40.76	−20.55

由上表可知，除 0307 污染源外，其余拟设污染源均超出再分配排海通量，由于连山湾海域 0303 污染源无机磷没有环境容量，且 0303 污染源距离 0307 污染源较远，深海排放分流，工程造价的成本较高，建议科学对比进行陆上和海上成本。连山湾海域其余各拟设污染源无机磷尚有环境容量，故不对其按照现状环境容量与再分配排海通量的差值进行减少或者增加的调配。但在该海域若需增大无机磷排海通量，可优先考虑在 0307 污染源处。

综上容量计算，连山湾海域 7 处拟设污染源 COD、无机氮、无机磷的排海通量需削减，为满足《辽宁省海洋功能区划（2011—2020 年）》对连山湾海域规定的海水执行标准，0301、0302、0303 和 0305，4 个拟设污染源 COD 需要削减，削减量分别为 158.47 t/a、21.61 t/a、2193.38 t/a 和 62.43 t/a；0303 污染源无机磷需要削减，削减量为 0.072 t/a。其余拟设污染源的 COD、无机氮、无机磷均无需削减。见表 5-21。

表 5-21　连山湾海域 COD、无机氮、无机磷削减量

拟设污染源	COD 削减量/（t/a）	无机氮削减量/（t/a）	无机磷削减量/（t/a）
0301	158.47	/	/
0302	21.61	/	/
0303	2193.38	/	0.072
0304	/	/	/
0305	62.43	/	/
0306	/	/	/
0307	/	/	/

注："/" 代表不需要削减。

5.1.4　锦州湾海域

1. COD

锦州湾海域 0401～0411 拟设污染源邻近功能区 COD 的标准环境容量分别为 7738 t/a、8285 t/a、6935 t/a、15 184t/a、15 695 t/a、8942 t/a、26 791 t/a、6825 t/a、11 826 t/a、18 104 t/a、68 766 t/a。11 处拟设污染源 COD 最大允许排海通量的分配比例见表 5-22。

表 5-22　锦州湾海域 COD 分配比例

拟设污染源	最大允许排海通量/（t/a）	分配比例/%
0401	7 738	4.0
0402	8 285	4.2
0403	6 935	3.6
0404	15 184	7.8
0405	15 695	8.0
0406	8 942	4.6
0407	26 791	13.7
0408	6 825	3.5
0409	11 826	6.1
0410	18 104	9.3
0411	68 766	35.2

由上表可知，锦州湾海域各拟设污染源 COD 的最大允许排海通量和分配比例。其中 0411 污染源最大允许排海通量为 68 766 t/a，占总排海通量的 35.2%；其次是 0407 污染源，最大允许排海通量为 26 791 t/a，占总排海通量的 13.7%；0408 污染源最大允许排海通量最小，为 6825 t/a，占总排海通量的 3.5%。

进而计算锦州湾海域 0401～0411 拟设污染源 COD 的再分配排海通量,结果列于表 5-23。

表 5-23　锦州湾海域 COD 现状环境容量及再分配排海通量

拟设污染源	分配比例/%	现状容量/（t/a）	再分配排海通量/（t/a）	差值/（t/a）
0401	6.1	4781.50	2752.23	2029.27
0402	6.6	3212.00	2946.97	265.03
0403	5.5	1788.50	2466.62	−678.12
0404	12.0	3248.50	5400.61	−2152.11
0405	12.4	5584.50	5582.36	2.14
0406	7.1	2226.50	3180.65	−954.15
0407	21.2	5548.00	9528.96	−3980.96
0408	5.4	3321.50	2427.68	893.82
0409	9.4	5986.00	4206.24	1799.76
0410	14.3	9234.50	6439.19	2795.31
0411	—			

由上表可知,除 0403、0404、0406 和 0407 污染源外,其余拟设污染源均超出再分配排海通量,由于锦州湾海域各拟设污染源 COD 尚有环境容量,故不对其按照现状环境容量与再分配排海通量的差值进行减少或者增加的调配。但在该海域若需增大 COD 排海通量,可优先考虑在 0403、0404、0406 和 0407 污染源处。

2. 无机氮

锦州湾海域 0401～0411 拟设污染源邻近功能区无机氮的标准环境容量分别为 774 t/a、828 t/a、693 t/a、1518 t/a、1569 t/a、894 t/a、2679 t/a、682 t/a、1183 t/a、1807 t/a、6877 t/a。11 处拟设污染源无机氮最大允许排海通量的分配比例见表 5-24。

表 5-24　锦州湾海域无机氮分配比例

拟设污染源	最大允许排海通量/（t/a）	分配比例/%
0401	774	4.0
0402	828	4.2
0403	693	3.6
0404	1518	7.8
0405	1569	8.0
0406	894	4.6
0407	2679	13.7
0408	682	3.5
0409	1183	6.1
0410	1807	9.3
0411	6877	35.2

由上表可知,锦州湾海域各拟设污染源无机氮的最大允许排海通量和分配比

例。其中 0411 污染源最大允许排海通量为 6877 t/a，占总排海通量的 35.2%；其次是 0407 污染源，最大允许排海通量为 2679 t/a，占总排海通量的 13.7%；0408 污染源最大允许排海通量最小，为 682 t/a，占总排海通量的 3.5%。

进而计算锦州湾海域 0401～0411 拟设污染源无机氮的再分配排海通量，结果列于表 5-25。

表 5-25 锦州湾海域无机氮现状容量及再分配排海通量

拟设污染源	分配比例/%	现状容量/（t/a）	再分配排海通量/（t/a）	差值/（t/a）
0401	6.1	2011	1466.50	544.50
0402	6.6	2288	1586.71	701.29
0403	5.5	1062	1322.26	−260.26
0404	12.0	2252	2884.92	−632.92
0405	12.4	2668	2981.08	−313.08
0406	7.1	1624	1706.91	−82.91
0407	21.2	3106	5096.69	−1990.69
0408	5.4	1047	1298.21	−251.21
0409	9.4	2891	2259.85	631.15
0410	14.3	5092	3437.86	1654.14
0411	—	—	—	—

由上表可知，除 0403、0404、0405、0406、0407 和 0408 污染源外，其余拟设污染源均超出再分配排海通量，其他拟设污染源将按照现状容量与再分配排海通量的差值进行减少或者增加的调配。

3. 无机磷

锦州湾海域 0401～0411 拟设污染源邻近功能区无机磷的标准环境容量分别为 81 t/a、60 t/a、65 t/a、110t/a、114t/a、86 t/a、250 t/a、73 t/a、119 t/a、184t/a、527 t/a。11 处拟设污染源无机磷最大允许排海通量的分配比例见表 5-26。

表 5-26 锦州湾海域无机磷分配比例

拟设污染源	最大允许排海通量/（t/a）	分配比例/%
0401	81	4.8
0402	60	3.6
0403	65	3.9
0404	110	6.6
0405	114	6.8
0406	86	5.1
0407	250	15
0408	73	4.4
0409	119	7.1
0410	184	11.1
0411	527	31.6

由上表可知，锦州湾海域各拟设污染源无机磷的最大允许排海通量和分配比例。其中 0411 污染源最大允许排海通量为 527 t/a，占总排海通量的 31.6%；其次是 0407 污染源，最大允许排海通量为 250 t/a，占总排海通量的 15%；0402 污染源最大允许排海通量最小，为 60 t/a，占总排海通量的 3.6%。

进而计算锦州湾海域 0401～0411 拟设污染源无机磷的再分配排海通量，结果列于表 5-27。

表 5-27　锦州湾海域无机磷现状环境容量及再分配排海通量

拟设污染源	分配比例/%	现状容量/（t/a）	再分配排海通量/（t/a）	差值/（t/a）
0401	7.1	39.055	29.082	9.973
0402	5.2	34.675	21.581	13.094
0403	5.7	18.980	23.292	−4.312
0404	9.6	40.515	39.609	0.906
0405	10.0	56.210	41.188	15.022
0406	7.5	24.820	30.924	−6.104
0407	21.9	68.620	90.140	−21.520
0408	6.4	24.090	26.187	−2.097
0409	10.4	39.420	42.899	−3.479
0410	16.2	64.970	66.454	−1.484
0411	—	—	—	—

由上表可知，除 0403、0406、0407、0408、0409 和 0410 污染源外，其余拟设污染源均超出再分配排海通量，由于锦州湾海域各拟设污染源无机磷尚有环境容量，故不对其按照现状环境容量与再分配排海通量的差值进行减少或者增加的调配。但在该海域若需增大无机磷排海通量，可优先考虑在 0403、0406、0407、0408、0409 和 0410 污染源处。

综上容量计算，锦州湾海域范围比较大，功能区种类繁多，共设置 11 个拟设污染源。表 5-28 为锦州湾海域 COD、无机氮、无机磷的入海污染物削减量，从表中可以看出，为满足《辽宁省海洋功能区划（2011—2020 年）》对锦州湾海域规定的海水执行标准，所有拟设污染源无机氮需要削减，COD 和无机磷均无需削减。鉴于此，本书不对锦州湾无机氮现状环境容量进行再分配。

表 5-28　锦州湾海域 COD、无机氮、无机磷削减量

拟设污染源	COD 削减量/（t/a）	无机氮削减量/（t/a）	无机磷削减量/（t/a）
0401	/	1237.35	/
0402	/	1460.00	/
0403	/	368.65	/
0404	/	733.65	/
0405	/	1098.65	/
0406	/	730.00	/

拟设污染源	COD 削减量/（t/a）	无机氮削减量/（t/a）	无机磷削减量/（t/a）
0407	/	427.05	/
0408	/	365.00	/
0409	/	1708.20	/
0410	/	3285.00	/
0411	/	9906.10	/

注："/"代表不需要削减。

最后要指出的是，由于 0411 污染源位于龙栖港口与航运区，该区距离海岸线较远，于深水区，周边水域开阔，潮流扩散条件好，具有较大的环境容量。若对该污染源进行其他污染源分担，实施深海排放投资巨大，且不易实现。而 0411 污染源除无机氮外，COD 和无机磷均还有剩余环境容量，分别为 49 202.00 t/a 和 132.495 t/a。而整个锦州湾海域无机氮均需要减排。故此，本书在此对除 0411 污染源以外的其余拟设污染源进行基于指标体系的再分配。

5.1.5 双台子河口海域

1. COD

双台子河口海域 0501～0506 拟设污染源邻近功能区 COD 的标准环境容量分别为 16 571 t/a、16 060 t/a、8249 t/a、10 585 t/a、4343 t/a、23 761 t/a。6 处拟设污染源 COD 最大允许排海通量的分配比例见表 5-29。

表 5-29　双台子河口海域 COD 分配比例

拟设污染源	最大允许排海通量/（t/a）	分配比例/%
0501	16 571	20.8
0502	16 060	20.2
0503	8 249	10.4
0504	10 585	13.3
0505	4 343	5.5
0506	23 761	29.9

由上表可知，双台子河口海域各拟设污染源 COD 的最大允许排海通量和分配比例。其中 0506 污染源最大允许排海通量为 23 761 t/a，占总排海通量的 29.9%；其次是 0501 污染源，最大允许排海通量为 16 571 t/a，占总排海通量的 20.8%；0505 污染源最大允许排海通量最小，为 4343 t/a，占总排海通量的 5.5%。

进而计算双台子河口海域 0501～0506 拟设污染源 COD 的再分配排海通量，结果列于表 5-30。

表 5-30　双台子河口海域 COD 现状环境容量及再分配排海通量

拟设污染源	分配比例/%	现状容量/（t/a）	再分配排海通量/（t/a）	差值/（t/a）
0501	20.8	7 920.50	7 364.24	556.26
0502	20.2	11 643.50	7 151.81	4 491.69
0503	10.4	3 759.50	3 682.12	77.38
0504	13.3	4 927.50	4 708.87	218.63
0505	5.5	2 153.50	1 947.28	206.23
0506	29.9	5 000.50	10 586.10	-5 585.60

由表 5-30 可知，除 0506 污染源外，其余拟设污染源均超出再分配排海通量，由于双台子河口海域各拟设污染源 COD 尚有环境容量，故不对其按照现状环境容量与再分配排海通量的差值进行减少或者增加的调配。但在该海域若需增大 COD 排海通量，可优先考虑在 0506 污染源处。

2. 无机氮

双台子河口海域 0501～0506 拟设污染源邻近功能区无机氮的标准环境容量分别为 1661 t/a、1610 t/a、821 t/a、1055t/a、434 t/a、2369 t/a。6 处拟设污染源无机氮最大允许排海通量的分配比例见表 5-31。

表 5-31　双台子河口海域无机氮分配比例

拟设污染源	最大允许排海通量/（t/a）	分配比例/%
0501	1661	20.9
0502	1610	20.2
0503	821	10.3
0504	1055	13.3
0505	434	5.5
0506	2369	29.8

由表 5-31 可知，双台子河口海域各拟设污染源无机氮的最大允许排海通量和分配比例。其中 0506 污染源最大允许排海通量为 2369 t/a，占总排海通量的 29.8%；其次是 0501 污染源，最大允许排海通量为 1661 t/a，占总排海通量的 20.9%；0505 污染源最大允许排海通量最小，为 434 t/a，占总排海通量的 5.5%。

进而计算双台子河口海域 0501～0506 拟设污染源无机氮的再分配排海通量，结果列于表 5-32。

表 5-32　双台子河口海域无机氮现状环境容量及再分配排海通量

拟设污染源	分配比例/%	现状容量/（t/a）	再分配排海通量/（t/a）	差值/（t/a）
0501	20.9	2719.25	1115.29	1603.96
0502	20.2	616.85	1077.93	-461.08
0503	10.3	383.25	549.64	-166.39
0504	13.3	500.05	709.73	-209.68

拟设污染源	分配比例/%	现状容量/（t/a）	再分配排海通量/（t/a）	差值/（t/a）
0505	5.5	186.15	293.50	-107.35
0506	29.8	930.75	1590.22	-659.47

由表 5-32 可知，除 0501 污染源外，其余拟设污染源均未超出再分配排海通量，且 0501 污染源无机氮需要削减 1058.25 t/a。0501 污染源距离其余拟设污染源较远，深海排放分流，工程造价的成本较高，建议科学对比进行陆上和海上成本。鲅鱼圈海域其余各拟设污染源无机氮尚有环境容量，故不对其按照现状环境容量与再分配排海通量的差值进行减少或者增加的调配。但在该海域若需增大无机氮排海通量，可优先考虑在 0502、0503、0504、0505 和 0506 污染源处。

3. 无机磷

双台子河口海域 0501～0506 拟设污染源邻近功能区无机磷的标准环境容量分别为 174 t/a、170 t/a、64 t/a、83 t/a、32 t/a、186 t/a。6 处拟设污染源无机磷最大允许排海通量的分配比例见表 5-33。

表 5-33 双台子河口海域无机磷分配比例

拟设污染源	最大允许排海通量/（t/a）	分配比例/%
0501	174	24.5
0502	170	24.0
0503	64	9.0
0504	83	11.7
0505	32	4.5
0506	186	26.2

由表 5-33 可知，双台子河口海域各拟设污染源无机磷的最大允许排海通量和分配比例。其中 0506 污染源最大允许排海通量为 186 t/a，占总排海通量的 26.2%；其次是 0501 污染源，最大允许排海通量为 174 t/a，占总排海通量的 24.5%；0505 污染源最大允许排海通量最小，为 32 t/a，占总排海通量的 4.5%。

进而计算双台子河口海域 0501～0506 拟设污染源无机磷的再分配排海通量，结果列于表 5-34。

表 5-34 双台子河口海域无机磷现状环境容量及再分配排海通量

拟设污染源	分配比例/%	现状容量/（t/a）	再分配排海通量/（t/a）	差值/（t/a）
0501	24.5	103.660	44.44	59.22
0502	24.0	24.820	43.54	-18.72
0503	9.0	9.855	16.33	-6.47
0504	11.7	12.045	21.22	-9.18
0505	4.5	8.760	8.16	0.60
0506	26.2	22.265	47.53	-25.26

由表 5-34 可知，除 0502、0503、0504 和 0506 污染源外，其余拟设污染源均超出再分配排海通量，由于双台子河口海域各拟设污染源无机磷尚有环境容量，故不对其按照现状环境容量与再分配排海通量的差值进行减少或者增加的调配。但在该海域若需增大无机磷排海通量，可优先考虑在 0502、0503、0504 和 0506 污染源处。

综上容量计算，双台子河口共设置 6 个拟设污染源。为满足《辽宁省海洋功能区划（2011—2020 年）》对双台子河口海域规定的海水执行标准，0501 污染源无机氮需要削减，削减量为 1058.25 t/a。其余拟设污染源的 COD、无机氮、无机磷均无需削减（表 5-35）。

表 5-35　双台子河口海域 COD、无机氮、无机磷削减量

拟设污染源	COD 削减量/（t/a）	无机氮削减量/（t/a）	无机磷削减量/（t/a）
0501	/	1058.25	/
0502	/	/	/
0503	/	/	/
0504	/	/	/
0505	/	/	/
0506	/	/	/

注："/" 代表不需要削减。

5.1.6　鲅鱼圈海域

1. COD

鲅鱼圈海域 0601～0610 拟设污染源邻近功能区 COD 的标准环境容量分别为 13 614 t/a、32 740 t/a、6716 t/a、4307 t/a、379 673 t/a、2993 t/a、27 484 t/a、1350 t/a、54 640 t/a、10 110 t/a。10 处拟设污染源 COD 最大允许排海通量的分配比例见表 5-36。

表 5-36　鲅鱼圈海域 COD 分配比例

拟设污染源	最大允许排海通量/（t/a）	分配比例/%
0601	13 614	2.6
0602	32 740	6.1
0603	6 716	1.3
0604	4 307	0.8
0605	379 673	71.1
0606	2 993	0.6
0607	27 484	5.2
0608	1 350	0.3
0609	54 640	10.2
0610	10 110	1.9

由表 5-36 可知，鲅鱼圈海域各拟设污染源 COD 的最大允许排海通量和分配比例。其中 0605 污染源最大允许排海通量为 379 673 t/a，占总排海通量的 71.1%；其次是 0609 污染源，最大允许排海通量为 54 640 t/a，占总排海通量的 10.2%；0608 污染源最大允许排海通量最小，为 1350 t/a，占总排海通量的 0.3%。

进而计算鲅鱼圈海域 0601～0610 拟设污染源 COD 的再分配排海通量，结果列于表 5-37。

表 5-37 鲅鱼圈海域 COD 现状环境容量及再分配排海通量

拟设污染源	分配比例/%	现状容量/（t/a）	再分配排海通量/（t/a）	差值/（t/a）
0601	8.8	5621.00	3661.23	1959.77
0602	21.3	9234.20	8861.84	372.36
0603	4.4	2336.00	1830.61	505.39
0604	2.8	1861.09	1164.94	696.15
0605	—	—	—	—
0606	1.9	2295.35	790.49	1504.86
0607	17.9	6 424.00	7447.27	−1 023.27
0608	0.9	401.40	374.44	26.96
0609	35.5	11 643.34	14 769.73	−3 126.39
0610	6.6	1 788.50	2 745.92	−957.42

由表 5-37 可知，除 0607、0609 和 0610 污染源外，其余拟设污染源均超出再分配排海通量，由于鲅鱼圈海域各拟设污染源 COD 尚有环境容量，故不对其按照现状环境容量与再分配排海通量的差值进行减少或者增加的调配。但在该海域若需增大 COD 排海通量，可优先考虑在 0607、0609 和 0610 污染源处。

2. 无机氮

鲅鱼圈海域 0601～0610 拟设污染源邻近功能区无机氮的标准环境容量分别为 1361 t/a、3274 t/a、672 t/a、431 t/a、38 033 t/a、299 t/a、2748 t/a、135 t/a、5464 t/a、1011 t/a。10 处拟设污染源无机氮最大允许排海通量的分配比例见表 5-38。

表 5-38 鲅鱼圈海域无机氮分配比例

拟设污染源	最大允许排海通量/（t/a）	分配比例/%
0601	1 361	2.5
0602	3 274	6.1
0603	672	1.3
0604	431	0.8
0605	38 033	71.2
0606	299	0.6
0607	2 748	5.1
0608	135	0.3
0609	5 464	10.2
0610	1 011	1.9

由表 5-38 可知，鲅鱼圈海域各拟设污染源无机氮的最大允许排海通量和分配比例。其中 0605 污染源最大允许排海通量为 38 033 t/a，占总排海通量的 71.2%；其次是 0609 污染源，最大允许排海通量为 5464 t/a，占总排海通量的 10.2%；0608 污染源最大允许排海通量最小，为 135 t/a，占总排海通量的 0.3%。

进而计算鲅鱼圈海域 0601～0610 拟设污染源无机氮的再分配排海通量，结果列于表 5-39。

表 5-39 鲅鱼圈海域无机氮现状环境容量及再分配排海通量

拟设污染源	分配比例/%	现状容量/（t/a）	再分配排海通量/（t/a）	差值/（t/a）
0601	8.8	905.20	718.52	186.68
0602	21.3	1872.45	1739.16	133.29
0603	4.4	500.05	359.26	140.79
0604	2.8	357.70	228.62	129.08
0605	—	—	—	—
0606	1.9	540.20	155.14	385.06
0607	17.9	1317.65	1461.54	−143.89
0608	0.9	149.65	73.49	76.16
0609	35.5	2003.85	2898.59	−894.74
0610	6.6	518.30	538.89	−20.59

由表 5-39 可知，除 0607、0609 和 0610 污染源外，其余拟设污染源均超出再分配排海通量，且 0606 和 0608 污染源无机氮的削减量分别为 240.90 t/a 和 14.60 t/a。由于 0608 污染源距离 0609 和 0610 污染源距离较近，可由其承担需要削减的 14.60 t/a；0606 污染源距离该 2 个拟设污染源较远，深海排放分流，工程造价的成本较高，建议科学对比进行陆上和海上成本。鲅鱼圈海域其余各拟设污染源无机氮尚有环境容量，故不对其按照现状环境容量与再分配排海通量的差值进行减少或者增加的调配。但在该海域若需增大无机氮排海通量，可优先考虑在 0607、0609 和 0610 污染源处。

3. 无机磷

鲅鱼圈海域 0601～0610 拟设污染源邻近功能区无机磷的标准环境容量分别为 97 t/a、284 t/a、62 t/a、29 t/a、4200 t/a、31 t/a、194 t/a、9 t/a、397 t/a、69 t/a。10 处拟设污染源无机磷最大允许排海通量的分配比例见表 5-40。

表 5-40 鲅鱼圈海域无机磷分配比例

拟设污染源	最大允许排海通量/（t/a）	分配比例/%
0601	97	1.8
0602	284	5.3
0603	62	1.2

续表

拟设污染源	最大允许排海通量/（t/a）	分配比例/%
0604	29	0.5
0605	4200	78.2
0606	31	0.6
0607	194	3.6
0608	9	0.2
0609	397	7.4
0610	69	1.3

由表 5-40 可知，鲅鱼圈海域各拟设污染源无机磷的最大允许排海通量和分配比例。其中 0605 污染源最大允许排海通量为 4200 t/a，占总排海通量的 78.2%；其次是 0609 污染源，最大允许排海通量为 397 t/a，占总排海通量的 7.4%；0608污染源最大允许排海通量最小，为 9 t/a，占总排海通量的 0.2%。

进而计算鲅鱼圈海域 0601～0610 拟设污染源无机磷的再分配排海通量，结果列于表 5-41。

表 5-41　鲅鱼圈海域无机磷现状环境容量及再分配排海通量

拟设污染源	分配比例/%	现状容量/（t/a）	再分配排海通量/（t/a）	差值/（t/a）
0601	8.3	9.855	12.088	-2.233
0602	24.2	24.090	35.244	-11.154
0603	5.3	6.935	7.719	-0.784
0604	2.5	5.840	3.641	2.199
0605	—	—	—	—
0606	2.6	11.315	3.787	7.528
0607	16.6	26.645	24.175	2.470
0608	0.8	1.825	1.165	0.660
0609	33.8	50.370	49.225	1.145
0610	5.9	8.760	8.592	0.168

由表 5-41 可知，除 0601、0602 和 0603 污染源外，其余拟设污染源均超出再分配排海通量，由于鲅鱼圈海域各拟设污染源无机磷尚有环境容量，故不对其按照现状环境容量与再分配排海通量的差值进行减少或者增加的调配。但在该海域若需增大无机磷排海通量，可优先考虑在 0601、0602 和 0603 污染源处。

综上容量计算，该海域功能区水域种类较多，共设 10 个拟设污染源。表 5-42为鲅鱼圈海域 COD、无机氮、无机磷的入海污染物削减量，从表中可以看出，为满足《辽宁省海洋功能区划（2011—2020 年）》对鲅鱼圈海域规定的海水执行标准，0606 和 0608 这两个污染源无机氮需要削减，削减量分别为 240.90 t/a 和 14.60 t/a；其余拟设污染源的 COD、无机氮、无机磷均无需削减。

表 5-42　鲅鱼圈海域 COD、无机氮、无机磷削减量

拟设污染源	COD 削减量/（t/a）	无机氮削减量/（t/a）	无机磷削减量/（t/a）
0601	/	/	/
0602	/	/	/
0603	/	/	/
0604	/	/	/
0605	/	/	/
0606	/	240.90	/
0607	/	/	/
0608	/	14.60	/
0609	/	/	/
0610	/	/	/

注："/"代表不需要削减。

0605 污染源离岸较远、水又深，COD、无机氮和无机磷剩余容量虽然很多，但不能调配给其他污染源利用（投资过大）。

5.1.7　复州湾海域

1. COD

复州湾海域 0701～0707 拟设污染源邻近功能区 COD 的标准环境容量分别为 21 389 t/a、6278 t/a、5584 t/a、12 264 t/a、5438 t/a、2920 t/a、14 052 t/a。7 处拟设污染源 COD 最大允许排海通量的分配比例见表 5-43。

表 5-43　复州湾海域 COD 分配比例

拟设污染源	最大允许排海通量/（t/a）	分配比例/%
0701	21 389	31.5
0702	6 278	9.2
0703	5 584	8.2
0704	12 264	18.1
0705	5 438	8.0
0706	2 920	4.3
0707	14 052	20.7

由表 5-43 可知，复州湾海域各拟设污染源 COD 的最大允许排海通量和分配比例。其中 0701 污染源最大允许排海通量为 21 389 t/a，占总排海通量的 31.5%；其次是 0707 污染源，最大允许排海通量为 14 052 t/a，占总排海通量的 20.7%；0706 污染源最大允许排海通量最小，为 2920 t/a，占总排海通量的 4.3%。

进而计算复州湾海域 0701～0707 拟设污染源 COD 的再分配排海通量，结果列于表 5-44。

表 5-44 复州湾海域 COD 现状环境容量及再分配排海通量

拟设污染源	分配比例/%	现状容量/（t/a）	再分配排海通量/（t/a）	差值/（t/a）
0701	31.5	10 804.00	12 417.30	−1 613.30
0702	9.2	3 577.00	3 626.64	−49.64
0703	8.2	3 358.00	3 232.44	125.56
0704	18.1	7 957.00	7 135.02	821.98
0705	8.0	3 139.00	3 153.60	−14.60
0706	4.3	1 533.00	1 695.06	−162.06
0707	20.7	9 052.00	8 159.94	892.60

由表 5-44 可知，除 0701、0702、0705 和 0706 污染源外，其余拟设污染源均超出再分配排海通量，由于复州湾海域各拟设污染源 COD 尚有环境容量，故不对其按照现状环境容量与再分配排海通量的差值进行减少或者增加的调配。但在该海域若需增大 COD 排海通量，可优先考虑在 0701、0702、0705 和 0706 污染源处。

2. 无机氮

复州湾海域 0701～0707 拟设污染源邻近功能区无机氮的标准环境容量分别为 2142 t/a、631 t/a、558 t/a、1226 t/a、544 t/a、292 t/a、1405 t/a。7 处拟设污染源无机氮最大允许排海通量的分配比例见表 5-45。

表 5-45 复州湾海域无机氮分配比例

拟设污染源	最大允许排海通量/（t/a）	分配比例/%
0701	2142	31.5
0702	631	9.3
0703	558	8.2
0704	1226	18.0
0705	544	8.0
0706	292	4.3
0707	1405	20.7

由表 5-45 可知，复州湾海域各拟设污染源无机氮的最大允许排海通量和分配比例。其中 0701 污染源最大允许排海通量为 2142 t/a，占总排海通量的 31.5%；其次是 0707 污染源，最大允许排海通量为 1405 t/a，占总排海通量的 20.7%；0706 污染源最大允许排海通量最小，为 292 t/a，占总排海通量的 4.3%。

进而计算复州湾海域 0701～0707 拟设污染源无机氮的再分配排海通量，结果列于表 5-46。

表 5-46　复州湾海域无机氮现状环境容量及再分配排海通量

拟设污染源	分配比例/%	现状容量/（t/a）	再分配排海通量/（t/a）	差值/（t/a）
0701	31.5	1361.45	1623.45	−262.00
0702	9.3	496.40	479.30	17.10
0703	8.2	441.65	422.61	19.04
0704	18.0	835.85	927.68	−91.83
0705	8.0	470.85	412.30	58.55
0706	4.3	368.65	221.61	147.04
0707	20.7	1178.95	1066.84	112.11

由表 5-46 可知，除 0701 和 0704 污染源外，其余拟设污染源均超出再分配排海通量，且 0706 污染源需削减 76.65 t/a。建议由 0704 污染源进行承担，由于复州湾海域其余各拟设污染源无机氮尚有环境容量，故不对其按照现状环境容量与再分配排海通量的差值进行减少或者增加的调配。但在该海域若需增大无机氮排海通量，可优先考虑在 0701 和 0704 污染源处。

3. 无机磷

复州湾海域 0701～0707 拟设污染源邻近功能区无机磷的标准环境容量分别为 268 t/a、90 t/a、82 t/a、172 t/a、71 t/a、40 t/a、249 t/a。7 处拟设污染源无机磷最大允许排海通量的分配比例见表 5-47。

表 5-47　复州湾海域无机磷分配比例

拟设污染源	最大允许排海通量/（t/a）	分配比例/%
0701	268	27.6
0702	90	9.3
0703	82	8.4
0704	172	17.7
0705	71	7.3
0706	40	4.1
0707	249	25.6

由表 5-47 可知，复州湾海域各拟设污染源无机磷的最大允许排海通量和分配比例。其中 0701 污染源最大允许排海通量为 268 t/a，占总排海通量的 27.6%；其次是 0707 污染源，最大允许排海通量为 249 t/a，占总排海通量的 25.6%；0706 污染源最大允许排海通量最小，为 40 t/a，占总排海通量的 4.1%。

进而计算复州湾海域 0701～0707 拟设污染源无机磷的再分配排海通量，结果列于表 5-48。

表 5-48　复州湾海域无机磷现状环境容量及再分配排海通量

拟设污染源	分配比例/%	现状容量/（t/a）	再分配排海通量/（t/a）	差值/（t/a）
0701	27.6	53.655	53.941	-0.286
0702	9.3	17.320	18.176	-0.856
0703	8.4	16.060	16.417	-0.357
0704	17.7	34.310	34.593	-0.238
0705	7.3	15.695	14.267	1.428
0706	4.1	8.395	8.013	0.382
0707	25.6	50.005	50.033	-0.028

由表 5-48 可知，复州湾整体水域无机磷的现状环境容量和再分配排海通量相差不大，且各拟设污染源无机磷尚有环境容量，海域状况良好，无需对拟设污染源排海通量进行削减或增加。

综上容量计算，复州湾海域共设置 7 个拟设污染源。为满足《辽宁省海洋功能区划（2011—2020 年）》对复州湾海域规定的海水执行标准，0706 污染源无机氮需要削减，削减量为 76.65 t/a。其余拟设污染源的 COD、无机氮、无机磷均无需削减，见表 5-49。

表 5-49　复州湾海域 COD、无机氮、无机磷削减量

拟设污染源	COD 削减量/（t/a）	无机氮削减量/（t/a）	无机磷削减量/（t/a）
0701	/	/	/
0702	/	/	/
0703	/	/	/
0704	/	/	/
0705	/	/	/
0706	/	76.65	/
0707	/	/	/

注："/"代表不需要削减。

5.1.8　马家咀海域

马家咀海域为拟建中的港口水域，范围较小，只设置 1 个拟设污染源。表 5-50 为马家咀海域 COD、无机氮、无机磷的入海污染物削减量，从表中可以看出，0801 污染源的 COD、无机氮、无机磷均无需削减。

表 5-50　马家咀海域 COD、无机氮、无机磷削减量

拟设污染源	COD 削减量/（t/a）	无机氮削减量/（t/a）	无机磷削减量/（t/a）
0801	/	/	/

注："/"代表不需要削减。

5.1.9　葫芦山湾海域

1. COD

葫芦山湾海域 0901~0905 拟设污染源邻近功能区 COD 的标准环境容量分别为 7409 t/a、36 t/a、766 t/a、19 016 t/a、0 t/a。5 处拟设污染源 COD 最大允许排海通量的分配比例见表 5-51。

表 5-51　葫芦山湾海域 COD 分配比例

拟设污染源	最大允许排海通量/（t/a）	分配比例/%
0901	7 409	27.2
0902	36	0.1
0903	766	2.8
0904	19 016	69.8
0905	0	0.0

由表 5-51 可知，葫芦山湾海域各拟设污染源 COD 的最大允许排海通量和分配比例。其中 0904 污染源最大允许排海通量为 19 016 t/a，占总排海通量的 69.8%；其次是 0901 污染源，最大允许排海通量为 7409 t/a，占总排海通量的 27.2%；0905 污染源最大允许排海通量最小，为 0 t/a，占总排海通量的 0.0%。

进而计算葫芦山湾海域 0901~0905 拟设污染源 COD 的再分配排海通量，结果列于表 5-52。

表 5-52　葫芦山湾海域 COD 现状环境容量及再分配排海通量

拟设污染源	分配比例/%	现状容量/（t/a）	再分配排海通量/（t/a）	差值/（t/a）
0901	27.2	1569.34	1459.15	110.19
0902	0.1	36.12	5.36	30.76
0903	2.8	255.20	150.21	104.99
0904	69.8	3321.40	3744.43	−423.03
0905	0.0	182.45	0.00	182.45

由表 5-52 可知，除 0904 污染源外，其余拟设污染源均超出再分配排海通量，且 0905 污染源属于被优化为 "0" 的源，削减量可由 0904 污染源承担，葫芦山湾海域其余拟设污染源 COD 尚有环境容量，故不对其按照现状环境容量与再分配排海通量的差值进行减少或者增加的调配。但在该海域若需增大 COD 排海通量，可优先考虑在 0904 污染源处。

2. 无机氮

葫芦山湾海域 0901~0905 拟设污染源邻近功能区无机氮的标准环境容量分别为 741 t/a、4 t/a、77 t/a、1902 t/a、0 t/a。5 处拟设污染源 COD 最大允许排海通量的分配比例见表 5-53。

表 5-53　葫芦山湾海域无机氮分配比例

拟设污染源	最大允许排海通量/（t/a）	分配比例/%
0901	741	27.2
0902	4	0.1
0903	77	2.8
0904	1902	69.8
0905	0	0.0

由表 5-53 可知，葫芦山湾海域各拟设污染源无机氮的最大允许排海通量和分配比例。其中 0904 污染源最大允许排海通量为 1902 t/a，占总排海通量的 69.8%；其次是 0901 污染源，最大允许排海通量为 741 t/a，占总排海通量的 27.2%；0905 污染源最大允许排海通量最小，为 0 t/a，占总排海通量的 0.0%。

进而计算葫芦山湾海域 0901～0905 拟设污染源无机氮的再分配排海通量，结果列于表 5-54。

表 5-54　葫芦山湾海域无机氮现状环境容量及再分配排海通量

拟设污染源	分配比例/%	现状容量/（t/a）	再分配排海通量/（t/a）	差值/（t/a）
0901	27.2	0.00	107.22	−107.22
0902	0.1	3.65	0.39	3.26
0903	2.8	10.95	11.04	−0.09
0904	69.8	332.15	275.15	57.00
0905	0.0	47.45	0.00	47.45

由表 5-54 可知，除 0901 和 0903 污染源外，其余拟设污染源均超出再分配排海通量，且 0905 污染源属于被优化为 "0" 的源，削减量可由 0904 污染源承担，承担后 0904 污染源仍有环境容量。葫芦山湾海域其余拟设污染源无机氮尚有环境容量，故不对其按照现状环境容量与再分配排海通量的差值进行减少或者增加的调配。但在该海域若需增大无机氮排海通量，可优先考虑在 0901 和 0903 污染源处。

3.　无机磷

葫芦山湾海域 0901～0905 拟设污染源邻近功能区无机磷的标准环境容量分别为 75 t/a、0.365 t/a、7 t/a、179 t/a、13 t/a。5 处拟设污染源 COD 最大允许排海通量的分配比例见表 5-55。

表 5-55　葫芦山湾海域无机磷分配比例

拟设污染源	最大允许排海通量/（t/a）	分配比例/%
0901	75	27.3
0902	0.365	0.1

续表

拟设污染源	最大允许排海通量/（t/a）	分配比例/%
0903	7	2.6
0904	179	65.2
0905	13	4.7

由表 5-55 可知，葫芦山湾海域各拟设污染源无机磷的最大允许排海通量和分配比例。其中 0904 污染源最大允许排海通量为 179 t/a，占总排海通量的 65.2%；其次是 0901 污染源，最大允许排海通量为 75 t/a，占总排海通量的 27.3%；0902 污染源最大允许排海通量最小，为 0.365 t/a，占总排海通量的 0.1%。

进而计算葫芦山湾海域 0901～0905 拟设污染源无机磷的再分配排海通量，结果列于表 5-56。

表 5-56　葫芦山湾海域无机磷现状环境容量及再分配排海通量

拟设污染源	分配比例/%	现状容量/（t/a）	再分配排海通量/（t/a）	差值/（t/a）
0901	27.3	10.549	32.733	−22.224
0902	0.1	0.365	0.120	0.245
0903	2.6	3.285	3.121	0.164
0904	65.2	98.915	78.272	20.643
0905	4.7	6.935	5.642	1.293

由表 5-56 可知，除 0901 污染源外，其余拟设污染源均超出再分配排海通量，由于葫芦山湾海域各拟设污染源无机磷尚有环境容量，故不对其按照现状环境容量与再分配排海通量的差值进行减少或者增加的调配。但在该海域若需增大无机磷排海通量，可优先考虑在 0901 污染源处。

综上容量计算，葫芦山湾海域共设置 5 个拟设污染源。为满足《辽宁省海洋功能区划（2011—2020 年）》对葫芦山湾海域规定的海水执行标准，0905 污染源 COD 和无机氮需要削减，削减量分别为 182.50 t/a 和 47.45 t/a。其余拟设污染源的 COD、无机氮、无机磷均无需削减，见表 5-57。

表 5-57　葫芦山湾海域 COD、无机氮、无机磷削减量

拟设污染源	COD 削减量/（t/a）	无机氮削减量/（t/a）	无机磷削减量/（t/a）
0901	/	/	/
0902	/	/	/
0903	/	/	/
0904	/	/	/
0905	182.50	47.45	/

注："/" 代表不需要削减。

5.1.10　普兰店湾海域

1．COD

普兰店湾海域 1001～1009 拟设污染源邻近功能区 COD 的标准环境容量分别为 12 592 t/a、18 140 t/a、12 300 t/a、16 753 t/a、7008 t/a、22 228 t/a、8869 t/a、8614 t/a、4197 t/a。9 处拟设污染源 COD 最大允许排海通量的分配比例见表 5-58。

表 5-58　普兰店湾海域 COD 分配比例

拟设污染源	最大允许排海通量/（t/a）	分配比例/%
1001	12 592	11.4
1002	18 140	16.4
1003	12 300	11.1
1004	16 753	15.1
1005	7 008	6.3
1006	22 228	20.1
1007	8 869	8.0
1008	8 614	7.8
1009	4 197	3.8

由表 5-58 可知，普兰店湾海域各拟设污染源 COD 的最大允许排海通量和分配比例。其中 1006 污染源最大允许排海通量为 22 228 t/a，占总排海通量的 20.1%；其次是 1002 污染源，最大允许排海通量为 18 140 t/a，占总排海通量的 16.4%；1009 污染源最大允许排海通量最小，为 4197 t/a，占总排海通量的 3.8%。

进而计算普兰店湾海域 1001～1009 拟设污染源 COD 的再分配排海通量，结果列于表 5-59。

表 5-59　普兰店湾海域 COD 现状环境容量及再分配排海通量

拟设污染源	分配比例/%	现状容量/（t/a）	再分配排海通量/（t/a）	差值/（t/a）
1001	11.4	839.37	3 468.52	-2 629.15
1002	16.4	2 701.00	4 989.80	-2 288.80
1003	11.1	949.00	3 377.25	-2 428.25
1004	15.1	4 562.32	4 594.27	-31.95
1005	6.3	5 256.00	1 916.82	3 339.18
1006	20.1	10 329.39	6 115.55	4 213.84
1007	8.0	1 335.90	2 434.05	-1 09815
1008	7.8	2 372.20	2 373.20	-1.00
1009	3.8	2 080.46	1 156.17	924.29

由表 5-59 可知，除 1001、1002、1003、1004、1007 和 1008 污染源外，其余拟设污染源均超出再分配排海通量，由于普兰店湾海域各拟设污染源 COD 尚有环境容量，故不对其按照现状环境容量与再分配排海通量的差值进行减少或者增

加的调配。但在该海域若需增大 COD 排海通量,可优先考虑在 1001、1002、1003、1004、1007 和 1008 污染源处。

2. 无机氮

普兰店湾海域 1001～1009 拟设污染源邻近功能区无机氮的标准环境容量分别为 1259 t/a、1814 t/a、1230 t/a、1675 t/a、701 t/a、2223 t/a、887 t/a、861 t/a、453 t/a。9 处拟设污染源无机氮最大允许排海通量的分配比例见表 5-60。

表 5-60 普兰店湾海域无机氮分配比例

拟设污染源	最大允许排海通量/(t/a)	分配比例/%
1001	1259	11.3
1002	1814	16.3
1003	1230	11.1
1004	1675	15.1
1005	701	6.3
1006	2223	20.0
1007	887	8.0
1008	861	7.8
1009	453	4.1

由表 5-60 可知,普兰店湾海域各拟设污染源无机氮的最大允许排海通量和分配比例。其中 1006 污染源最大允许排海通量为 2223 t/a,占总排海通量的 20.0%;其次是 1002 污染源,最大允许排海通量为 1814 t/a,占总排海通量的 16.3%;1009 污染源最大允许排海通量最小,为 453 t/a,占总排海通量的 4.1%。

进而计算普兰店湾海域 1001～1009 拟设污染源无机氮的再分配排海通量,结果列于表 5-61。

表 5-61 普兰店湾海域无机氮现状环境容量及再分配排海通量

拟设污染源	分配比例/%	现状容量/(t/a)	再分配排海通量/(t/a)	差值/(t/a)
1001	11.3	266.45	901.56	-635.11
1002	16.3	810.30	1300.48	-490.18
1003	11.1	284.70	885.60	-601.13
1004	15.1	1281.15	1204.74	76.41
1005	6.3	631.45	502.64	128.81
1006	20.0	2036.70	1595.68	441.02
1007	8.0	266.45	638.27	-371.82
1008	7.8	1963.70	622.32	1341.11
1009	4.1	438.00	327.11	110.89

由表 5-61 可知,除 1001、1002、1003 和 1007 污染源外,其余拟设污染源均超出再分配排海通量,且 1008 污染源无机氮需要削减,削减量为 1102.7 t/a,附

近的拟设污染源均不可承受如此大的削减量，深海排放分流，工程造价的成本较高，建议科学对比进行陆上和海上成本。由于普兰店湾海域其余拟设污染源无机氮尚有环境容量，故不对其按照现状环境容量与再分配排海通量的差值进行减少或者增加的调配。但在该海域若需增大无机氮排海通量，可优先考虑在 1001、1002、1003 和 1007 污染源处。

3. 无机磷

普兰店湾海域 1001~1009 拟设污染源邻近功能区无机磷的标准环境容量分别为 104 t/a、170 t/a、65 t/a、178 t/a、63 t/a、226 t/a、76 t/a、86 t/a、42 t/a。9 处拟设污染源无机磷最大允许排海通量的分配比例见表 5-62。

表 5-62　普兰店湾海域无机磷分配比例

拟设污染源	最大允许排海通量/（t/a）	分配比例/%
1001	104	10.3
1002	170	16.9
1003	65	6.4
1004	178	17.6
1005	63	6.2
1006	226	22.4
1007	76	7.5
1008	86	8.5
1009	42	4.2

由表 5-62 可知，普兰店湾海域各拟设污染源无机磷的最大允许排海通量和分配比例。其中 1006 污染源最大允许排海通量为 226 t/a，占总排海通量的 22.4%；其次是 1004 污染源，最大允许排海通量为 178 t/a，占总排海通量的 17.6%；1009 污染源最大允许排海通量最小，为 42 t/a，占总排海通量的 4.2%。

进而计算普兰店湾海域 1001~1009 拟设污染源无机磷的再分配排海通量，结果列于表 5-63。

表 5-63　普兰店湾海域无机磷现状环境容量及再分配排海通量

拟设污染源	分配比例/%	现状容量/（t/a）	再分配排海通量/（t/a）	差值/（t/a）
1001	10.3	29.123	73.958	-44.835
1002	16.9	87.965	121.349	-33.384
1003	6.4	28.011	46.955	-17.944
1004	17.6	151.175	126.375	24.800
1005	6.2	56.025	44.519	11.506
1006	22.4	209.145	160.841	48.304
1007	7.5	26.280	53.853	-27.573
1008	8.5	87.977	61.033	26.944
1009	4.2	42.340	30.158	12.182

由表 5-63 可知，除 1001、1002、1003 和 1007 污染源外，其余拟设污染源均超出再分配排海通量，且 1008 和 1009 污染源无机磷需要削减，削减量为 1.965 t/a 和 0.340 t/a。削减部分可由 1007 污染源承担，普兰店湾海域其余拟设污染源无机磷尚有环境容量，故不对其按照现状环境容量与再分配排海通量的差值进行减少或者增加的调配。但在该海域若需增大无机磷排海通量，可优先考虑在 1001、1002、1003 和 1007 污染源处。

综上容量计算，普兰店湾海域共设置 9 个拟设污染源。为满足《辽宁省海洋功能区划（2011—2020 年）》对普兰店湾海域规定的海水执行标准，1008 污染源无机氮需要削减，削减量为 1102.7 t/a；1008 和 1009 污染源无机磷需要削减，削减量为 1.965 t/a 和 0.340 t/a。其余拟设污染源的 COD、无机氮、无机磷均无需削减（表 5-64）。

表 5-64　普兰店湾海域 COD、无机氮、无机磷削减量

拟设污染源	COD 削减量/（t/a）	无机氮削减量/（t/a）	无机磷削减量/（t/a）
1001	/	/	/
1002	/	/	/
1003	/	/	/
1004	/	/	/
1005	/	/	/
1006	/	/	/
1007	/	/	/
1008	/	1102.7	1.965
1009	/	/	0.340

注："/"代表不需要削减。

5.1.11　金州湾海域

1. COD

金州湾海域 1101～1108 拟设污染源邻近功能区 COD 的标准环境容量分别为 7993 t/a、3759 t/a、657 t/a、13 067 t/a、1387 t/a、5584 t/a、6716 t/a、4015 t/a。8 处拟设污染源 COD 最大允许排海通量的分配比例见表 5-65。

表 5-65　金州湾海域 COD 分配比例

拟设污染源	最大允许排海通量/（t/a）	分配比例/%
1101	7 993	18.5
1102	3 759	8.7
1103	657	1.5
1104	13 067	30.3
1105	1 387	3.2

续表

拟设污染源	最大允许排海通量/（t/a）	分配比例/%
1106	5 584	12.9
1107	6 716	15.6
1108	4 015	9.3

由表 5-65 可知，金州湾海域各拟设污染源 COD 的最大允许排海通量和分配比例。其中 1104 污染源最大允许排海通量为 13 067 t/a，占总排海通量的 30.3%；其次是 1101 污染源，最大允许排海通量为 7993.12 t/a，占总排海通量的 18.5%；1103 污染源最大允许排海通量最小，为 657 t/a，占总排海通量的 1.5%。

进而计算金州湾海域 1101～1108 拟设污染源 COD 的再分配排海通量，结果列于表 5-66。

表 5-66　金州湾海域 COD 现状环境容量及再分配排海通量

拟设污染源	分配比例/%	现状容量/（t/a）	再分配排海通量/（t/a）	差值/（t/a）
1101	18.5	474.10	3416.34	−2942.24
1102	8.7	401.08	1606.60	−1205.52
1103	1.5	1387.00	277.00	1110.00
1104	30.3	6679.11	5596.40	1083.71
1105	3.2	839.10	590.93	248.17
1106	12.9	3613.16	2382.20	1230.96
1107	15.6	2701.00	2880.80	−179.80
1108	9.3	2372.13	1717.40	654.73

由表 5-66 可知，除 1101、1102 和 1107 污染源外，1103 污染源 COD 需要削减，削减量为 730.00 t/a；1101 和 1102 污染源均可以承担其削减量，其余拟设污染源均超出再分配排海通量，由于金州湾海域各拟设污染源 COD 尚有环境容量，故不对其按照现状环境容量与再分配排海通量的差值进行减少或者增加的调配。但在该海域若需增大 COD 排海通量，可优先考虑在 1101、1102 和 1107 污染源处。

2. 无机氮

金州湾海域 1101～1108 拟设污染源邻近功能区无机氮的标准环境容量分别为 799 t/a、376 t/a、66 t/a、1307 t/a、139 t/a、558 t/a、672 t/a、401 t/a。8 处拟设污染源无机氮最大允许排海通量的分配比例见表 5-67。

表 5-67　金州湾海域无机氮分配比例

拟设污染源	最大允许排海通量/（t/a）	分配比例/%
1101	799	18.5
1102	376	8.7
1103	66	1.5

续表

拟设污染源	最大允许排海通量/（t/a）	分配比例/%
1104	1307	30.3
1105	139	3.2
1106	558	12.9
1107	672	15.6
1108	401	9.3

由表 5-67 可知，金州湾海域各拟设污染源无机氮的最大允许排海通量和分配比例。其中 1104 污染源最大允许排海通量为 1307 t/a，占总排海通量的 30.3%；其次是 1101 污染源，最大允许排海通量为 799 t/a，占总排海通量的 18.5%；1103 污染源最大允许排海通量最小，为 66 t/a，占总排海通量的 1.5%。

进而计算金州湾海域 1101～1108 拟设污染源无机氮的再分配排海通量，结果列于表 5-68。

表 5-68　金州湾海域无机氮现状环境容量及再分配排海通量

拟设污染源	分配比例/%	现状容量/（t/a）	再分配排海通量/（t/a）	差值/（t/a）
1101	18.5	1405.25	956.66	448.59
1102	8.7	1281.15	449.89	831.26
1103	1.5	244.12	77.57	166.55
1104	30.3	273.75	1566.86	−1293.11
1105	3.2	76.65	165.48	−88.83
1106	12.9	974.09	667.08	307.01
1107	15.6	562.10	806.70	−244.60
1108	9.3	354.05	480.92	−126.87

由表 5-68 可知，除 1104、1105、1107 和 1108 污染源外，其余拟设污染源均超出再分配排海通量，1101、1102、1103 和 1106 污染源无机氮需要削减，削减量分别为 606.25 t/a、905.15 t/a、178.12 t/a 和 416.09t/a；1101、1102 和 1103 污染源可考虑由 1104 污染源承担一部分，其余部分仍需要科学对比进行陆上和海上成本，考虑深海排放或是分流。1106 污染源削减量可由 1107 和 1108 污染源进行承担。由于金州湾海域其余拟设污染源无机氮尚有环境容量，故不对其按照现状环境容量与再分配排海通量的差值进行减少或者增加的调配。但在该海域若需增大无机氮排海通量，可优先考虑在 1104、1107 和 1108 污染源处。

3. 无机磷

金州湾海域 1101～1108 拟设污染源邻近功能区无机磷的标准环境容量分别为 93 t/a、39 t/a、6 t/a、138 t/a、14 t/a、56 t/a、67 t/a、40 t/a。8 处拟设污染源无机磷最大允许排海通量的分配比例见表 5-69。

表 5-69　金州湾海域无机磷分配比例

拟设污染源	最大允许排海通量/（t/a）	分配比例/%
1101	93	20.5
1102	39	8.6
1103	6	1.3
1104	138	30.5
1105	14	3.1
1106	56	12.4
1107	67	14.8
1108	40	8.8

由表 5-69 可知，金州湾海域各拟设污染源无机磷的最大允许排海通量和分配比例。其中 1104 污染源最大允许排海通量为 138 t/a，占总排海通量的 30.5%；其次是 1101 污染源，最大允许排海通量为 93 t/a，占总排海通量的 20.5%；1103 污染源最大允许排海通量最小，为 6 t/a，占总排海通量的 1.3%。

进而计算金州湾海域 1101～1108 拟设污染源无机磷的再分配排海通量，结果列于表 5-70。

表 5-70　金州湾海域无机磷现状环境容量及再分配排海通量

拟设污染源	分配比例/%	现状容量/（t/a）	再分配排海通量/（t/a）	差值/（t/a）
1101	20.5	4.080	3.26	0.82
1102	8.6	1.825	1.37	0.46
1103	1.3	0.165	0.21	0.04
1104	30.5	4.745	4.86	-0.11
1105	3.1	1.095	0.49	0.60
1106	12.4	1.095	1.97	-0.88
1107	14.8	1.825	2.36	-0.53
1108	8.8	1.095	1.40	-0.31

由表 5-70 可知，金州湾整体水域无机磷的现状环境容量和再分配排海通量相差不大，且各拟设污染源无机磷尚有环境容量，海域状况良好，无需对拟设污染源排海通量进行削减或增加。

综上容量计算，金州湾海域共设置 8 个拟设污染源。为满足《辽宁省海洋功能区划（2011—2020 年）》对金州湾海域规定的海水执行标准，1103 污染源 COD 需要削减，削减量为 730.00 t/a；1101、1102、1103 和 1106 污染源无机氮需要削减，削减量分别为 606.25 t/a、905.15 t/a、178.12 t/a 和 416.09 t/a。其余拟设污染源的 COD、无机氮、无机磷均无需削减，见表 5-71。

表 5-71　金州湾海域 COD、无机氮、无机磷削减量

拟设污染源	COD 削减量/（t/a）	无机氮削减量/（t/a）	无机磷削减量/（t/a）
1101	/	606.25	/
1102	/	905.15	/
1103	730.00	178.12	/
1104	/	/	/
1105	/	/	/
1106	/	416.09	/
1107	/	/	/
1108	/	/	/

注："/"代表不需要削减。

5.1.12　营城子湾海域

1. COD

营城子湾海域 1201、1202 拟设污染源邻近功能区 COD 的标准环境容量分别为 328 t/a、1934 t/a。两处拟设污染源 COD 最大允许排海通量的分配比例见表 5-72。

表 5-72　营城子湾海域 COD 分配比例

拟设污染源	最大允许排海通量/（t/a）	分配比例/%
1201	328	14.5
1202	1934	85.5

由表 5-72 可知，营城子湾海域各拟设污染源 COD 的最大允许排海通量和分配比例。其中 1201 污染源最大允许排海通量为 328.10 t/a，占总排海通量的 14.5%；1202 污染源最大允许排海通量为 1934 t/a，占总排海通量的 85.5%。

进而计算营城子湾海域 1201、1202 拟设污染源 COD 的再分配排海通量，结果列于表 5-73。

表 5-73　营城子湾海域 COD 现状环境容量及再分配排海通量

拟设污染源	分配比例/%	现状容量/（t/a）	再分配排海通量/（t/a）	差值/（t/a）
1201	14.5	255.10	158.65	96.45
1202	85.5	839.03	936.58	-96.45

由表 5-73 可知，1201 污染源超出再分配排海通量 96.73t/a，由于营城子湾海域各拟设污染源 COD 尚有环境容量，故不对其按照现状环境容量与再分配排海通量的差值进行减少或者增加的调配。但在该海域若需增大 COD 排海通量，可优先考虑在 1202 污染源处。

2. 无机氮

营城子湾海域 1201、1202 拟设污染源邻近功能区无机氮的标准环境容量分别为 33 t/a、193 t/a。两处拟设污染源无机氮最大允许排海通量的分配比例见表 5-74。

表 5-74　营城子湾海域无机氮分配比例

拟设污染源	最大允许排海通量/（t/a）	分配比例/%
1201	33	14.6
1202	193	85.4

由表 5-74 可知，营城子湾海域各拟设污染源无机氮的最大允许排海通量和分配比例。其中 1201 污染源最大允许排海通量为 33 t/a，占总排海通量的 14.6%；1202 污染源最大允许排海通量为 193 t/a，占总排海通量的 85.4%。

进而计算营城子湾海域 1201、1202 拟设污染源无机氮的再分配排海通量，结果列于表 5-75。

表 5-75　营城子湾海域无机氮现状环境容量及再分配排海通量

拟设污染源	分配比例/%	现状容量/（t/a）	再分配排海通量/（t/a）	差值/（t/a）
1201	14.6	3.65	2.13	1.52
1202	85.4	10.95	12.47	−1.52

由表 5-75 可知，1201 污染源超出再分配排海通量 1.52 t/a，由于营城子湾海域各拟设污染源无机氮尚有环境容量，故不对其按照现状环境容量与再分配排海通量的差值进行减少或增加调配。但在该海域若需增大无机氮排海通量，可优先考虑在 1202 污染源处。

3. 无机磷

营城子湾海域 1201、1202 拟设污染源邻近功能区无机磷的标准环境容量分别为 4 t/a、23 t/a。两处拟设污染源无机磷最大允许排海通量的分配比例见表 5-76。

表 5-76　营城子湾海域无机磷分配比例

拟设污染源	最大允许排海通量/（t/a）	分配比例/%
1201	4	14.8
1202	23	85.2

由表 5-76 可知，营城子湾海域各拟设污染源无机磷的最大允许排海通量和分配比例。其中 1201 污染源最大允许排海通量为 4 t/a，占总排海通量的 14.8%；1202 污染源最大允许排海通量为 23 t/a，占总排海通量的 85.2%。

进而计算营城子湾海域 1201、1202 拟设污染源无机磷的再分配排海通量，结果列于表 5-77。

表 5-77　营城子湾海域无机磷现状环境容量及再分配排海通量

拟设污染源	分配比例/%	现状容量/（t/a）	再分配排海通量/（t/a）	差值/（t/a）
1201	14.8	7.665	2.377	5.288
1202	85.2	8.395	13.683	−5.288

　　由表 5-77 可知，1201 污染源超出再分配排海通量 5.063 t/a，且由于 1201 污染源需要削减 3.665 t/a，由于 1201 污染源距离 1202 污染源较远，深海排放分流，工程造价的成本较高，建议科学对比进行陆上和海上成本。若在该海域需增大无机磷排海通量，可优先考虑在 1202 污染源处。

　　综上容量计算，营城子湾海域两处拟设污染源的 COD、无机氮、无机磷的排海污染物削减量，从表 5-78 中可以看出，为满足《辽宁省海洋功能区划（2011—2020 年）》对营城子湾海域规定的海水执行标准，除 1201 污染源无机磷需要削减 3.665 t/a 外，所有拟设污染源的 COD、无机氮、无机磷均无需削减。

表 5-78　营城子湾海域 COD、无机氮、无机磷削减量

拟设污染源	COD 削减量/（t/a）	无机氮削减量/（t/a）	无机磷削减量/（t/a）
1201	/	/	3.665
1202	/	/	/

注："/"代表不需要削减。

5.1.13　羊头湾海域

　　羊头湾范围较小，只设有 1 个拟设污染源。表 5-79 为羊头湾海域 COD、无机氮、无机磷的入海污染物削减量，从表中可以看出，1301 污染源的无机磷需要削减 1.09 t/a，COD 和无机氮均无需削减。

表 5-79　羊头湾海域 COD、无机氮、无机磷削减量

拟设污染源	COD 削减量/（t/a）	无机氮削减量/（t/a）	无机磷削减量/（t/a）
1301	/	/	1.09

注："/"代表不需要削减。

5.2　污染物总量控制结果分析

　　辽东湾近岸 13 处海域 73 个拟设污染源 COD、无机氮和无机磷的模拟削减量如表 5-80 所示。

表 5-80　辽东湾近岸海域个污染源 COD、无机氮、无机磷的削减量

排污海域	拟设污染源	污染物削减量/（t/a）		
		COD 削减量	无机氮削减量	无机磷削减量
芷锚湾海域	0101	/	/	/
	0102	/	/	/
	0103	/	/	/
	0104	/	/	/
六股河口海域	0201	/	/	/
	0202	/	/	/
连山湾海域	0301	158.47	/	/
	0302	21.61	/	/
	0303	2193.38	/	0.072
	0304	/	/	/
	0305	62.43	/	/
	0306	/	/	/
	0307	/	/	/
锦州湾海域	0401	/	1237.35	/
	0402	/	1460.00	/
	0403	/	368.65	/
	0404	/	733.65	/
	0405	/	1098.65	/
	0406	/	730.00	/
	0407	/	427.05	/
	0408	/	365.00	/
	0409	/	1708.20	/
	0410	/	3285.00	/
	0411	/	9906.10	/
双台子河口海域	0501	/	1058.25	/
	0502	/	/	/
	0503	/	/	/
	0504	/	/	/
	0505	/	/	/
	0506	/	/	/
鲅鱼圈海域	0601	/	/	/
	0602	/	/	/
	0603	/	/	/
	0604	/	/	/
	0605	/	/	/
	0606	/	240.90	/
	0607	/	/	/
	0608	/	14.60	/
	0609	/	/	/
	0610	/	/	/

排污海域	拟设污染源	污染物削减量/（t/a）		
		COD 削减量	无机氮削减量	无机磷削减量
复州湾海域	0701	/	/	/
	0702	/	/	/
	0703	/	/	/
	0704	/	/	/
	0705	/	/	/
	0706	/	76.65	/
	0707	/	/	/
马家咀海域	0801	/	/	/
葫芦山湾海域	0901	/	/	/
	0902	/	/	/
	0903	/	/	/
	0904	/	/	/
	0905	182.50	47.45	/
普兰店湾海域	1001	/	/	/
	1002	/	/	/
	1003	/	/	/
	1004	/	/	/
	1005	/	/	/
	1006	/	/	/
	1007	/	/	/
	1008	/	1102.70	1.965
	1009	/	/	0.340
金州湾海域	1101	/	606.25	/
	1102	/	905.15	/
	1103	730.00	178.12	/
	1104	/	/	/
	1105	/	/	/
	1106	/	416.09	/
	1107	/	/	/
	1108	/	/	/
营城子湾海域	1201	/	/	3.665
	1202	/	/	/
羊头洼海域	1301	/	/	1.09

注："/"代表不需削减。

辽东湾海域总量控制由表 5-80 可知：

（1）13 处近岸海域中芷锚湾海域和六股河口海域均有污染物减排（削减排污量）任务。在 73 处拟设污染源中有削减任务的有 28 处。需削减 COD 排污量的有 6 处，需削减无机氮排放量的有 21 处，需削减无机磷排放量的有 5 处。

（2）3 类主要污染物中，COD 需削减总量为 3348t/a。各海域中连山湾需削减量最大，为 2436 t/a，占总削减量的 72.8%；金州湾次之，为 730 t/a，占 21.8%；

葫芦山湾需削减 182 t/a，占 5.4%。

无机氮需削减总量为 25 966 t/a。有 7 处海域需要削减。其中，锦州湾削减量达 21 319 t/a，约占总削减量 82%；金州湾削减量为 2106 t/a，约占总削减量 8%。

无机磷削减总量较小，仅 6.63 t/a，3 处需削减无机磷排海通量的海域均地处辽东湾东部近岸的南端，即营城子湾海域、普兰店湾海域和羊头洼海域。其中营城子湾海域削减量约占总量的一半。

（3）辽东湾近岸海域中连山湾、锦州湾以及金州湾是主要污染物排污总量控制的重点。其中连山湾应以控制 COD 排污量为主，锦州湾和金州湾应以控制无机氮排放为重点。

6 总量控制系统概念及功能

6.1 系统功能框图

图 6-1 为系统功能框图。表 6-1 为总量控制系统框架层次表。

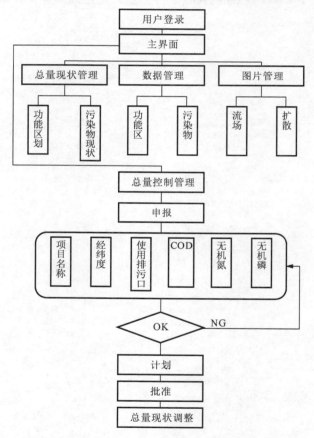

图 6-1 系统功能框图

本系统把辽东湾划分为 13 个区域，并对各海区现有 COD、无机氮、无机磷等污染物进行试算；并归纳整理，使用数据库进行管理。

表6-1 总量控制系统框架层次表

一级菜单	二级菜单	三级菜单	功能描述
打开	辽东湾海域		显示辽东湾的总体情况
	控制区域	芷锚湾海域⋮复州湾海域⋮羊头湾海域	各控制区域的模拟源的分布及总量控制状况,提供各模拟源的入口点控制及重新计算控制总量
	功能区	芷锚湾海域⋮复州湾海域⋮羊头湾海域	说明各海域功能区域类型、管理目标及保护目标
	退出		退出本系统
编辑	污染物控制区		编辑控制区信息
	污染源控制点		编辑污染物控制区的排污点,各级水质标准及排放状况
	功能区划		编辑沿海5个行政市区的各级功能区划
浏览	污染图		各海区污染物的标准及现状的等效图
	流场图		各海区潮流场的等效图浏览
总量控制	芷锚湾海域⋮复州湾海域⋮羊头湾海域		提供各海区新增项目的增排量进行重新计算
帮助			

6.2 系 统 登 录

图6-2为系统登录画面。

图6-2 系统登录画面

说明：【进入】按钮登录系统。可以操作系统功能菜单中的"编辑"外的所有的功能。如果选中上图"数据管理"选项，则以数据管理员身份登录系统。登录密码："Opt123"；此时，可以操作系统中所有功能。

※编辑菜单下的功能菜单皆为编辑数据库，录入原始数据用。

进入下面主画面（图6-3）。

图 6-3　主画面

说明：①处的表格，显示辽东湾的海区划分及排污口的设置情况。

②处的表格，显示三种污染物在辽东湾14个海区61个排污口的排放量及容量状况。

6.3　打　　开

6.3.1　控制区信息

控制区域菜单含有14个子菜单项，分别对每个海区提供详细显示的入口管理。下面以"鲅鱼圈海区"为例，介绍海区的详细信息。

点击菜单【打开】→【控制区域】→【鲅鱼圈海域】，打开如图 6-4 所示窗口。

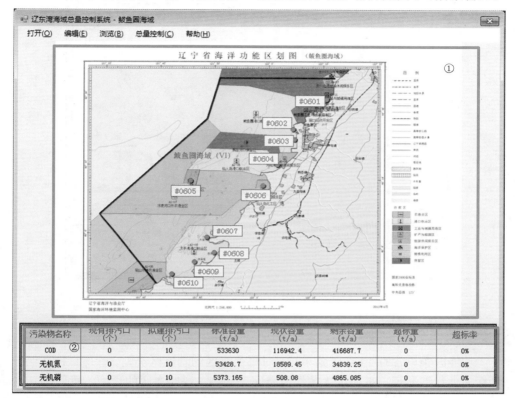

图 6-4 控制区域-海区信息

说明：①处是海区的地图，显示该海区的排污口数量及分布。

②处的表格，显示三种污染物在该海区的排放量及容量状况。

在①处点击排污点编号图标 #0603 ，将进一步显示该排污点的排放状况信息。排污口总量信息，如图 6-5 所示。

说明：①处是海区的污染物排放等价对比图。

②处是排污口的位置及水质标准信息。

③处的表格显示该排污口的排放总量信息。

操作：点击③处的污染物条目，可以切换①处海区的污染物排放对比图。

点击②处的【返回】按钮，返回到该排污口所在的海区信息窗口。

点击②处的【重新计算】按钮，打开总量控制窗口；请参照图 6-3。

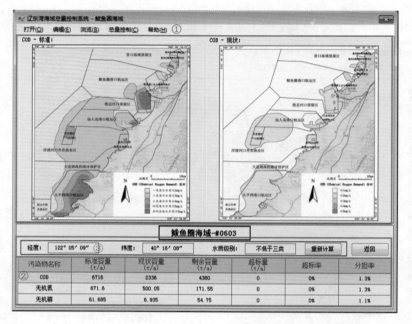

图 6-5　排污口总量信息

6.3.2　功能区划

　　功能区菜单含有 14 个子菜单项，对每个海区的功能区类型、管理目标及保护目标提供详细显示。下面以"芷锚湾海区"为例，说明海区的详细信息。

　　点击菜单【打开】→【功能区】→【芷锚湾海域】，打开如图 6-6 所示窗口。

图 6-6　功能区划

点击"》"按钮显示该功能区域的详细信息（图 6-7）。

芷锚湾海域环境保护目标

序号	功能区类型	管理目标	保护目标
1	芷锚湾旅游休闲娱乐区	（1）维护原生砂质海岸自然形态，限制岸滩永久性工程活动	加强海水浴场环境质量监测，保护天然制备和滩涂等栖息环境。水质质量执行不低于二类海水水质标准，沉积物质量和海洋生物质量执行不低于一类标准
2	绥中滨海工业与城镇用海区	（1）严禁岸滩及近岸海域开采海砂（2）严格限制海岸突堤工程	加强排污口监测与排污控制，避免影响周边旅游区海其环境质量。水质质量执行不低于二类海水水质标准，沉积物质量和海洋生物质量执行不低于一类标准
3	石河口港口航运区	（1）维护河口两侧海岸稳定性（2）保护海底管线与航运安全	加强排污口监测与排污控制，加强溢油风险控制。水质质量执行不低于二类海水水质标准，沉积物质量和海洋生物质量执行不低于二类标准
4	石河口东工业与城镇用海区	（1）加强维护河口两侧海岸稳定性（2）整理河口空间，确保泄	定期监测区域环境，水质、沉积物、生物质量标准不低于现状水平
5	狗河口保留区	（1）加强海岸稳定性监测（2）允许不改变海域属性开发利用	治理养殖污染，控制现有工业排污，水质、沉积物、生物质量标准不低于现状水平
6	绥中海域农渔业区	（1）严格控制区域采砂活动（2）发展现代化和规模化海洋牧场	重点保护渔业水域环境，控制溢油风险事故，水质质量执行不低于二类海水水质标准，沉积物质量和海洋生物质量执行不低于一类标准
7	天龙寺旅游休闲娱乐区	（1）修复和保护原生砂质海岸及滨海旅游资源（2）加强海岸两侧海岸保护	重点保护砂质海岸生态系统，水质质量执行不低于二类海水水质标准，沉积物质量和海洋生物质量执行不低于一类标准
8	天龙寺外海保留区	（1）监测和维护三道砂干水下砂嘴（2）加强海砂开采监管	区域水质、沉积物、生物质量标准不低于现状水平

图 6-7 功能区域的信息

6.4 编   辑

6.4.1 数据表设计及操作规约

表 6-2 和表 6-3 分别为海区信息表和模拟源信息表。

表 6-2 海区信息表

控制区属性	必须填写	说明
控制区名称	是	海区名称
经度	是	地图左上角的经度
纬度	是	地图左上角的纬度
经度	是	地图右下角的经度
纬度	是	地图右下角的纬度
面积	否	控制区面积
原有数	否	排污口的数量
新增数	否	新增排污口的数量
重合数	否	模拟源与原有源重合数
容积率	否	控制区可容纳负荷量的比例
交换率	否	控制区水体污染的交换率

表 6-3　模拟源信息表

模拟源属性	必须填写	说明
模拟源编号	是	在该海区独立且唯一的标识
海区名称	是	模拟源所在的海区，此信息不能手动填写；必须在海区信息表中先行录入海区信息，后在此选择
模拟源性质	否	海区的主要用途
经度	是	模拟源位置
纬度	是	模拟源位置
水质标准	是	管理标准
COD 标准容量	是	—
COD 现状容量	是	—
COD 分担率	否	—
无机氮标准容量	是	—
无机氮现状容量	是	—
无机氮分担率	否	—
无机磷标准容量	是	—
无机磷现状容量	是	—
无机磷分担率	否	—

6.4.2　海区编辑

点击菜单【编辑】→【污染物控制区】打开如图 6-8 所示窗口。

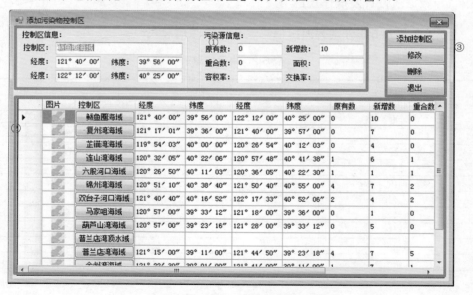

图 6-8　污染物控制区编辑窗口

说明：①部分是海区信息编辑区。

②部分是现有海区一览表。

③部分是数据库操作命令。

新增操作：先在①的区域填写海区的信息，点击③部分的【添加控制区】按钮；将①部分编辑好的信息，添加到②的表格中，并存入数据库中。

修改操作：先用鼠标点击②部分中，将要修改的海区信息，将其加载到①部分的编辑区域；修改相应的信息后，点击③部分的【修改】按钮，修改好的海区信息保存到②的表中。

删除操作：在②的表格中点击将要删除的海区条目，点击【删除】按钮。

添加海区的可视信息图片操作：点击②的表格中<图片>列中，相应的海区图标；打开如下窗口（图6-9），为该海区添加可视化图片。

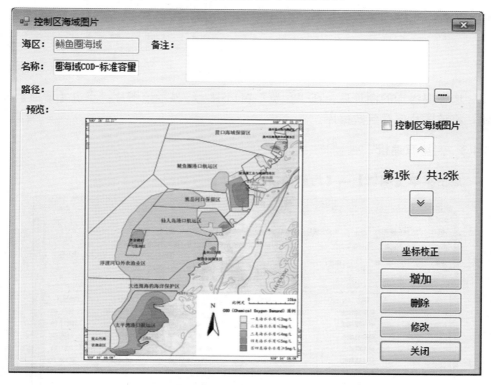

图6-9　海区信息图片编辑

点击【控制区海域图片】按钮，如下图选择将要添加的图片（图6-10）。

图 6-10　图片选择

选择要添加的图片后,在"预览"窗口中,将显示该图片;点击【增加】按钮,将该图片保存到数据库。

6.4.3　污染源编辑

点击菜单【编辑】→【污染源控制点】,打开如图 6-11 所示窗口。

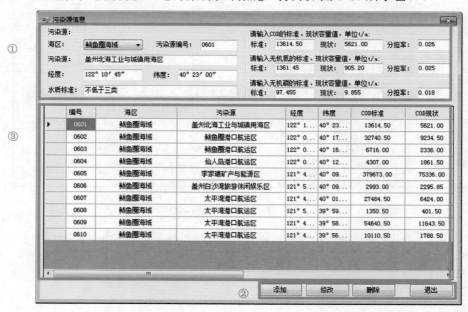

图 6-11　污染源信息

说明:①部分是污染源信息编辑区。

②部分是现有该海区的污染源信息一览表。

③部分是数据库操作命令。

增加操作：在①部分的海区选择列表中，选择要编辑的海区；在输入该海区的污染源信息后，点击【添加】按钮，保存污染源信息到该海区。

修改操作：点击②部分的列表中要修改的项目到①部分的编辑区；修改后，点击【修改】按钮，保存到对应的列表中。

删除操作：点击②部分的列表中要修改的项目，点击【删除】按钮；删除该条信息。

6.5　浏　　览

提供海区的污染状况的可视化图片，包括（COD、无机氮、无机磷）的标准环境容量和现状环境容量的对比图；以及各个海区的流场图、涨落潮图。

6.5.1　污染图

点击菜单【浏览】→【污染图】，打开如图 6-12 所示窗口。

图 6-12　海区污染图

说明：①部分是海区的列表。

②部分是当前选中海区的标准环境容量和现状环境容量的对比图片。

点击①部分的海区名标签，可直接浏览该海区的图片；

点击②部分的【向上】或【向下】按钮，可依次切换该海区的各容量图片。

6.5.2　流场图

点击菜单【浏览】→【流场图】，打开如图 6-13 所示窗口。

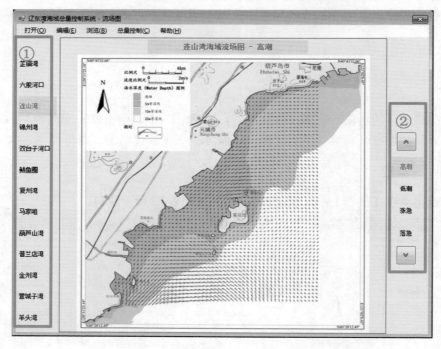

图 6-13　海区流场图

说明：①部分是海区的列表。

②部分是当前选中海区的标准环境容量和现状环境容量的对比图片。

点击①部分的海区名标签，可直接浏览该海区的图片；

点击②部分的【向上】或【向下】按钮，可依次切换该海区的各流场图片。

6.6　总　量　控　制

总量增加可分为四个阶段：申报、审批、批准、使用。

申报阶段：依据新增项目的计划位置、计划增排量的数据；确定合适的模拟源；并试算该新增排放量，对现有总量的影响。在此阶段，只提供初步试算，计算结果不存入数据库；对现有总量及剩余容量的数据没有影响。寻找合适的项目地点及排污口。

审批阶段：申报的增排计划及使用的排污口被批准；但是项目整体还在审批中；该项目还有其他可能下马。此阶段，用于管理新增项目的临时数据，等待项目的正式批准。

批准阶段：申报项目获得批准，即将开工；并会在未来，产生实际的增派量。在该阶段的总量控制中，在计算其他的项目增排审批时，需要为本项目预留出增加量。

使用阶段：批准的项目投产，开始向预定的排污口排污；此时已经实际增加了众排放量，需要调整现有排放量和剩余容量。

以在芷锚湾新增项目 AAA 为例，分别说明新增项目的 4 个阶段；以下是计划新增的项目数据：

项目名称：AAA

地　　点：经度：119°50′00″　　　　　纬度：40°12′10″

计划增排：COD 1 t/a　无机氮 0.2 t/a　无机磷 0.3 t/a

点击菜单【总量控制】→【芷锚湾海域】，打开如图 6-14 所示窗口。

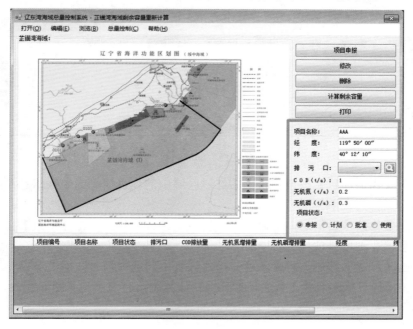

图 6-14　项目申报

　　点击【项目申报】按钮；在红线的部分输入项目的数据，在项目状态栏中，选择"申报"；点击🔍按钮，查找离申报项目最近的排污口，也可以使用下拉列表框指定排污口。随后，在左侧的地图上显示找到的排污口及该排污口的当前容量和地理位置。如图 6-15 所示。

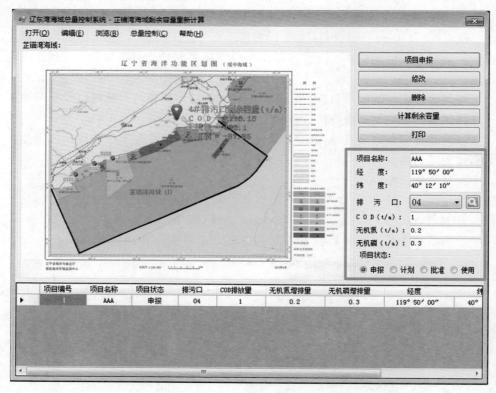

图 6-15　添加项目

　　点击【添加项目】按钮，将上图红线区域中的项目信息的申报信息添加到下方的增排项目列表中。

　　如果要修改项目信息，可以在红线区域中修改信息；点击【修改】按钮，将修改信息保存到增排项目列表中。

　　点击【删除】按钮，将删除增排项目列表中的选中项目数据。

　　点击【计算剩余容量】按钮，打开重新计算剩余容量窗口（图 6-16）；可切换"COD-无机氮-无机磷"污染因子的结果的显示。

　　点击【退出】按钮，返回到项目申报窗口。

　　经过重新计算后，按钮【计算剩余容量】→【保存】；点击【保存】按钮，将申报数据保存到数据库中。※在项目状态为"申报"时，该项目数据不会保存。

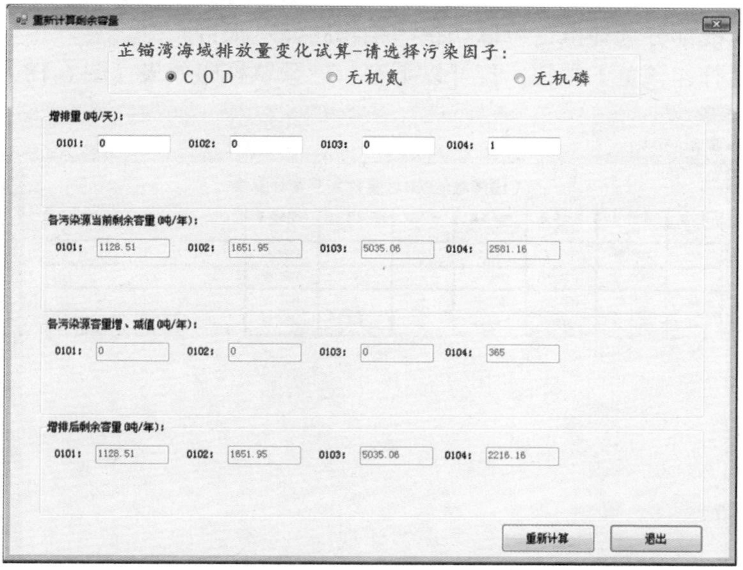

图 6-16　重新计算剩余容量

保存数据：

在项目状态栏中，将项目状态修改为"计划""批准""使用"之一，点击【修改】按钮；点击【保存】按钮，将数据保存到数据库。

点击【退出】按钮返回到图 6-3 显示的窗口。

点击【打印】按钮，进入如图 6-17 所示打印窗口。

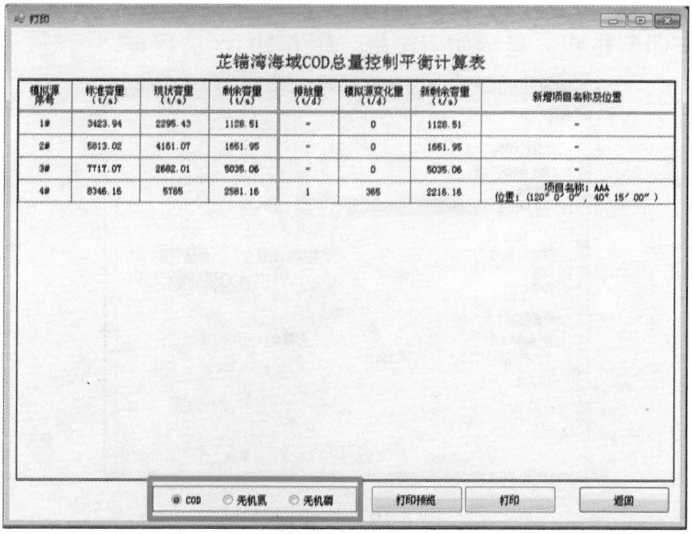

图 6-17　打印窗口

点击红线部分选择框，可以切换污染物的显示报告。

点击【打印预览】按钮，打开以下窗口，预览打印效果（图 6-18）。

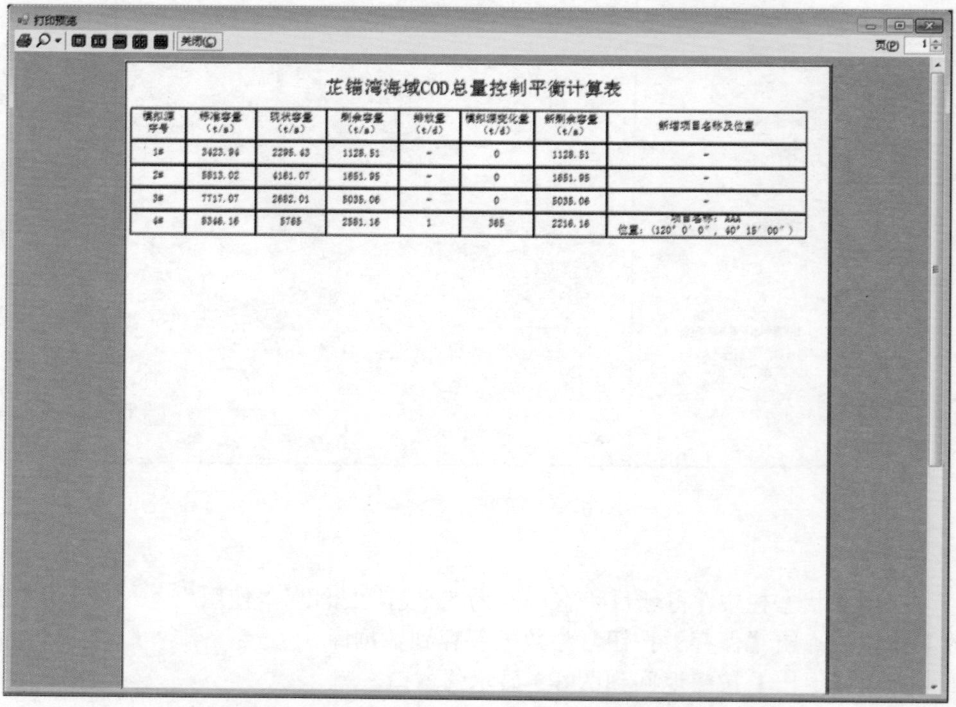

模拟源序号	标准容量（t/a）	现状容量（t/a）	剩余容量（t/a）	排放量（t/d）	模拟源变化量（t/d）	新剩余容量（t/a）	新增项目名称及位置
1#	3423.94	2295.43	1128.51	-	0	1128.51	-
2#	5813.02	4161.07	1651.95	-	0	1651.95	-
3#	7717.07	2682.01	5035.06	-	0	5035.06	-
4#	8346.16	5765	2581.16	1	365	2216.16	项目名称：AAA 位置：（120° 0′ 0″，40° 15′ 00″）

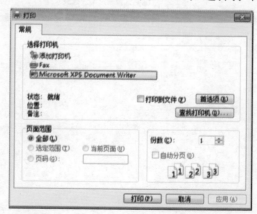

图 6-18　打印预览

点击【打印】按钮，显示如下窗口（图 6-19）；选择打印机后，进行打印。

图 6-19　打印窗口

选择打印机后，点击【打印】按钮，打印报表。

参 考 文 献

陈春华. 1997. 海口湾海水表观重金属终合容量研究[J]. 海洋学报（中文版），9（5）：69-74.

陈慈美，林月玲，陈于望，等. 1993. 厦门西海域磷的生物地球化学行为和环境容量[J]. 海洋学报（中文版），15（3）：43-48.

陈力群. 2004. 莱州湾海洋环境评价与污染物总量控制方法研究[D]. 青岛：中国海洋大学.

陈长胜. 2003. 海洋生态系统动力学与模型[M]. 北京：高等教育出版社.

程嘉熠，张晓霞，陶平，等. 2016. 大连葫芦山湾潜在生态环境风险评价研究[J]. 环境工程，34（1）：117-120.

程玲玲，夏峰. 2012. 水污染物总量分配原则及方法研究进展[J]. 环境科学导刊，31（1）：30-34.

戴娟娟，王金坑，张婕，等. 2014. 入海污染物总量控制规划若干关键问题的探讨[J]. 海洋开发与管理，31（4）：75-80.

方秦华，张珞平，王佩儿，等. 2004. 象山港海域环境容量的二步分配法[J]. 厦门大学学报（自然科学版），43（s1）：217-220.

方子云，汪达. 2001. 水环境与水资源保护流域化管理的探讨[J]. 水资源保护，（4）：4-7.

冯金鹏，吴洪寿，赵帆. 2004. 水环境污染总量控回顾、现状及发展探讨[J]. 南水北调与水利科技，2（1）：45-47，44.

傅国伟. 1993. 水污染排放总量的分配原则与方法，环境背景值及环境总量研究[M]. 北京：科学出版社.

关道明. 2011. 我国近岸典型海域环境质量评价和环境容量研究[M]. 北京：海洋出版社.

韩庚辰，樊景凤. 2016. 我国近岸海域生态环境现状及发展趋势[M]. 北京：海洋出版社.

侯杰男. 2014. 浅谈我国水污染物总量控制[J]. 山东工业技术，（22）：96.

黄良民. 2007. 中国可持续发展总纲（中国海洋资源与可持续发展）[M]. 北京：科学出版社.

黄秀清，王金辉，蒋晓山，等. 2008. 象山港海洋环境容量及污染物总量控制研究[M]. 北京：海洋出版社.

基于"环境承载力的环渤海经济活动影响监测与调控技术研究"项目组. 2016. 环渤海污染压力和海上响应的统筹调控研究[M]. 北京：海洋出版社.

贾振邦，赵智杰，吕殿录，等. 1996. 柴河水库流域主要重金属平衡估算及水环境容量研究[J]. 环境保护科学，22（2）：49-52.

姜太良，徐洪达，潘会周，等. 1991. 莱州湾西南部水环境的现状与评价[J]. 海洋通报，10（2）：17-52.

康兴伦，李培泉，刘玉珊，等. 1990. 胶州湾自净能力的研究[J]. 海洋科学进展，（3）：48-56.

李岩，李克强，王修林，等. 2015. 近海污染物总量控制水质监测体系构建方法——以莱州湾为例[J]. 中国海洋大学学报（自然科学版），45（11）：69-74.

刘浩，戴明新，彭士涛，等. 2011. 渤海湾主要污染物环境容量的估算[J]. 海洋通报，30（4）：451-455.

刘浩，尹宝树. 2006. 辽东湾氮、磷和COD环境容量的数值计算[J]. 海洋通报，25（2）：46-54.

刘爽，周尚龙，刘旭. 2014. 规划环评中水环境容量计算和总量控制指标分析[J]. 山西建筑，40（36）：171-173.

刘文琨，肖伟华，黄介生，等. 2011. 水污染物总量控制研究进展及问题分析[J]. 中国农村水利水电，（8）：9-12.

马昌盛. 2013. 解析"十二五"水污染总量控制[J]. 节能与环保，（2）：38-39.

倪晓. 2012. TMDL计划在流域水污染物总量控制中的应用[J]. 绿色科技，（10）：122-125.

钱国栋. 2012. 青岛市陆源污染物排放总量控制网络化综合管理平台总体框架[D]. 青岛：中国海洋大学.

邵秘华，陶平，孟德新，等. 2012. 辽宁省海洋生态功能区划研究[M]. 北京：海洋出版社.

沈明球，房建孟. 1996. 宁波石浦港的环境质量现状及环境容量的初步研究[J]. 海洋通报，15（6）：51-59.

施问超，张汉杰，张红梅. 2010. 中国总量控制实践与发展态势[J]. 污染防治技术，（2）：38-47，63.

史忠良，肖四如. 1990. 资源合理配置与经济体制改革[J]. 江西社会科学，（03）：1-10.

宋国君. 2000. 论中国污染物排放总量控制和浓度控制[J]. 环境保护，（6）：11-13.

苏新杰. 2016. 浅谈中山市"十三五"主要污染物排放总量控制工作规划编制思路[J]. 资源节约与环保，（8）：118.

孙卫红，姚国金，逄勇．2001．基于不均匀系数的水环境容量计算方法探讨[J]．水资源保护，（2）：25-27．

唐俊逸，邵秘华，陶平，等．2016．普兰店湾海水交换和污染物 COD 扩散能力的再探[J]．海洋湖沼通报，（1）：37-44．

田其云，黄彪．2014．我国污染物总量控制制度探讨[J]．环境保护，42（20）：42-44．

万众成，王治江，王延松，等．2006．辽宁省生态功能分区与生态服务功能重要区域[J]．气象与环境学报，22（5）：69-71．

王春磊．2016．污染物总量控制制度实施中的若干问题研究[J]．政治与法律，（12）：62-70．

王金坑．2013．入海污染物总量控制技术与方法[M]．北京：海洋出版社．

王金南，蒋春来，张文静．2015．关于"十三五"污染物排放总量控制制度改革的思考[J]．环境保护，43（21）：21-24．

王琪，陈贞．2009．基于生态系统的海洋区域管理[J]．海洋开发与管理，26（8）：12-16．

王晓燕．2012．基于污染物总量控制的青岛市结构减排研究[D]．青岛：中国海洋大学．

王修林，李克强．2006．渤海主要化学污染物海洋环境容量[M]．北京：科学出版社．

肖建华．2016．环境保护污染物排放总量控制的探讨[J]．工程技术研究，（5）：132-143．

徐士良．1996．C 常用算法程序集[M]．2 版．北京：清华大学出版社．

杨龙，王晓燕，孟庆义．2008．美国 TMDL 计划的研究现状及其发展趋势[J]．环境科学与技术，31（9）：72-76．

杨桐，杨常亮．2011．流域水污染物总量控制研究进展[J]．环境科学导刊，30（4）：12-16．

杨潇，曹英志．2013．我国陆源污染物总量控制实践对海域总量控制制度建设的启示[J]．海洋开发与管理，30（10）：81-85．

余游，白翠．2012．浅论我国水环境污染物排放总量控制技术体系框架[J]．科学咨询（科技·管理），（7）：26-27．

张存智，韩康，张砚峰，等．1998．大连湾污染排放总量控制研究——海湾纳污能力计算模型[J]．海洋通报，17（3）：1-5．

张文静，王强，吴悦颖，等．2016．中国水污染物总量控制特色研究[J]．环境污染与防治，38（7）：104-109．

张晓霞，陶平，程嘉熠，等．2016．海岛近岸海域资源环境承载能力评价及其应用[J]．环境科学研究，29（11）：1729-1731．

张修宇，陈海涛．2011．我国水污染物总量控制研究现状[J]．华北水利水电学院学报，32（5）：142-145．

张燕．2007．海湾入海污染物总量控制方法与应用研究[D]．青岛：中国海洋大学．

张银英，郑庆华，何悦强，等．1995．珠江口咸淡水交汇区水中 COD_{Mn}、油类、砷自净规律的试验研究[J]．热带海洋，14（3）：67-74．

赵冬至．2013．渤海赤潮灾害监测与评估研究文集[M]．北京：海洋出版社．

郑丙辉，刘宏娟，王丽婧．2007．渤海海岸带生态分区研究[J]．环境科学研究，20（4）：75-80．

郑庆华，何悦强，张银英，等．1995．珠江口咸淡水交汇区营养盐的化学自净研究[J]．热带海洋，14（2）：68-75．

周孝德，郭瑾珑，程文，等．1999．水环境容量计算方法研究[J]．西安理工大学学报，15（3）：1-6．

Baretta J W, Ebenhoh, Ruardij P. 1995. The european regional seas ecosystem model: a complex marine ecosystem model[J]. Nethelands Journal of Seas Research, 33(3): 233-246.

Burn D H, McBean E A. 1987. Application of nonlinear optimization to water quality[J]. Applied Mathematical Modelling, 11(6): 438-446.

Chen H T, Yu Z G, Yao Q Z. 2010a. Nutrient concentrations and fluxes in the Changjiang Estuary during summer[J]. Acta Oceanol Sinica, 29(2): 107-119.

Chen X Y, Gao H W, Yao X H, et al. 2010b. Ecosystem-based assessment indices of restoration for Daya Bay near a nuclear power plant in South China[J]. Environmental Science & Technology, 44(19): 75, 89-95.

Costanza R. 2012. Ecosystem health and ecological engineering [J]. Ecological Engineering, 45(8): 24-29.

Duka G G, Goryacheva N V, Romanchuk L S, et al. 1996. Investigation of natural water self-purification capacity under simulated conditions[J]. Water Resource, 23(6): 619-622.

Ellis R S, Ta'asan S. 2015. Large deviation analysis of a droplet model having a poisson equilibrium distribution[J]. International Journal of Stochastic Analysis, 2015: 1-15.

George L M. 2002. Users guide for a three dimensional, primitive equation, numerical ocean model[J]. Ocean Modelling, 17(1): 1-15.

Halpem B S, Longo C, Hardy D, et al. 2012. An index to assess the health and benefits of the global ocean [J]. Nature, 488(7413), 615-620.

Jacobson C, Carter R W, Thomsen D C, et al. 2014. Monitoring and evaluation for adaptive coastal management[J]. Ocean & Coastal Management, 89(2): 51-57.

Kim D M, Nakada N, Horiguchi T, et al. 2004. Numerical simulation of organic chemicals in a marine environment using a coupled 3D hydrodynamic and ecotoxicological model[J]. Marine Pollution Bulletin, 48(3): 671-678.

Kurida H, Kishi, Michio J. 2004. A data assimilation technique applied to estimate parameters for the input of mercury[J]. Ecological Modeling, 172(1): 69-185.

Qiao L L, Bao X W, Wu D X. 2008. The observed currents in summer in the Bohai Sea [J]. Chinese Journal of Oceanology and Limnology, 26(2): 130-136.

Ronbouts I, Beaugrand G, Artigas L F, et al. 2013. Evaluating marine ecosystem health: Case studies of indicators using direct observations and modeling methods[J]. Ocean & Coastal Management, 24(1): 353-365.

Su J L, Dong L X. 1999. Application of numerical models in marine pollution research in China [J]. Marine Pollution Bulletin, 39(12): 73-79.

Sun J, Tao J H. 2006. Relation matrix of water exchange for sea bays and its application[J]. China Ocean Engineering, 20(4): 529-544.

Thomas O, Barnwell Jr, Brown L C, et al. 2004. Importance of field data in stream water quality modeling using Qual2E-UNCAS[J]. Journal of Environmental Engineering, 130(6):643-647.

Wang X L, Yu A, Jun Z. 2002. Contribution of biological processes to self-purification of water with respect to petroleum hydrocarbon associated with No.0 diesel in Changjiang Estuary and Jiaozhou Bay[J]. Hydrobiologia, 469(1-3): 179-191.

Watanabe M, Zhu M Y. 2000. Environmental capacity and effects of pollutants on marine ecosystem in the East China Sea[C]. Proceedings of the Japan-China Joint Workshop on the Cooperative Study of the Marine Environment. National Institute for Environmental Studies, Tsukuba, Japan: 185.

Zheng W, Shi H, Fang S, et al. 2012. Global sensitivity analysis of a marine ecosystem dynamic model of the Sanggou Bay[J]. Ecological Modeling, 247(4): 83-94.

附　　录

附录 I　计算海域的潮位验证图

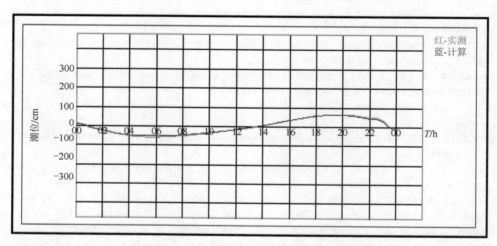

图 I-1　0101 潮位验证图（芷锚湾海域）

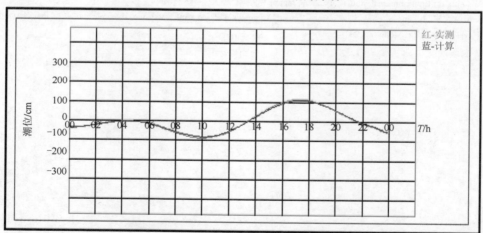

图 I-2　0102 潮位验证图（六股河口海域）

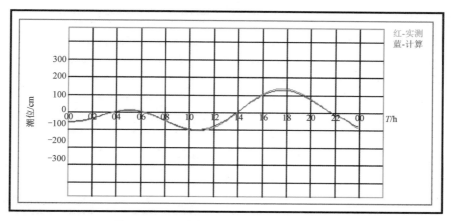

图 I-3　0103 潮位验证图（六股河口海域）

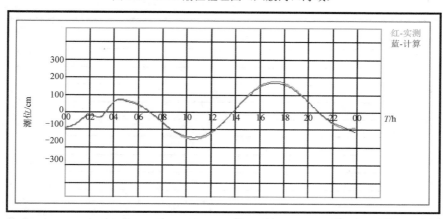

图 I-4　0104 潮位验证图（连山湾海域）

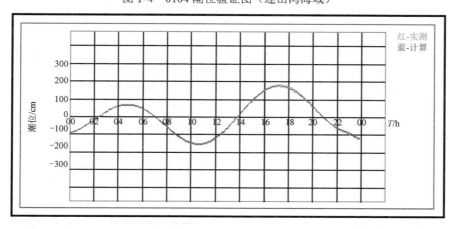

图 I-5　0201 潮位验证图（锦州湾海域）

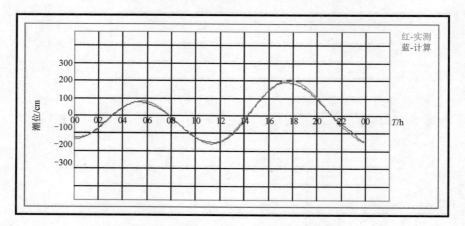

图 I-6　0202 潮位验证图（锦州湾海域）

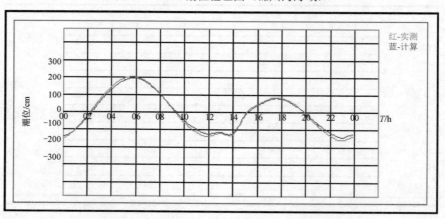

图 I-7　0301 潮位验证图（双台子河口海域）

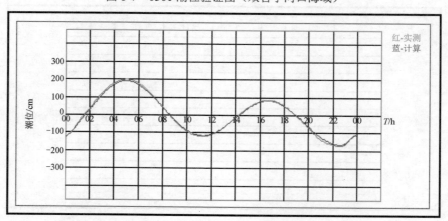

图 I-8　0302 潮位验证图（双台子河口海域）

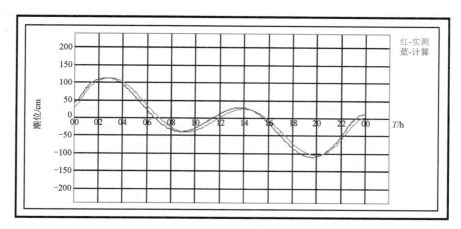

图 I-9　0303 潮位验证图（葫芦山湾海域）

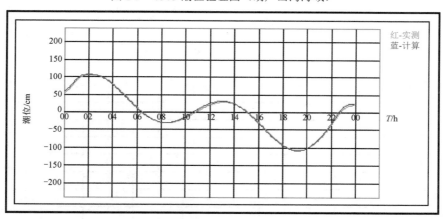

图 I-10　0304 潮位验证图（葫芦山湾海域）

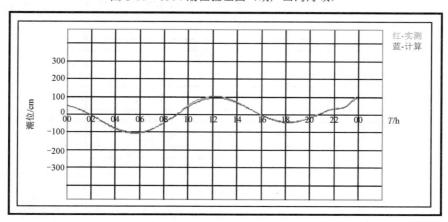

图 I-11　0305 潮位验证图（营城子湾海域）

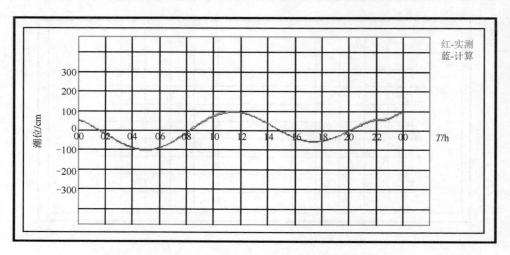

图 I-12　0306 潮位验证图（羊头湾海域）

附录 II　计算海域的流速流向验证图

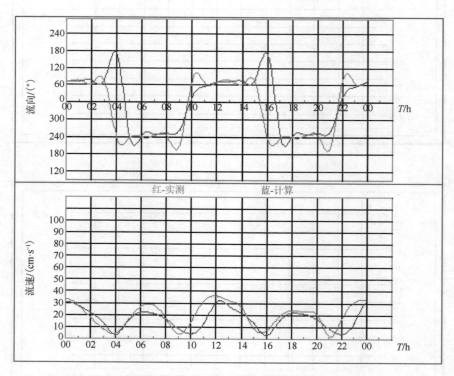

图 II-1　0101 流速流向验证图（芷锚湾海域）

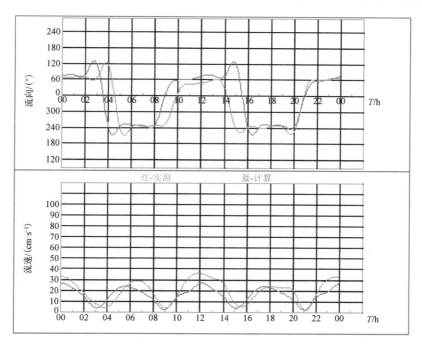

图II-2　0102 流速流向验证图（芷锚湾海域）

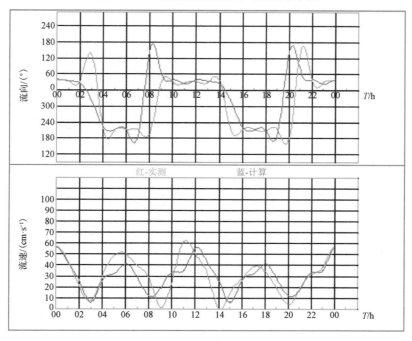

图II-3　0103 流速流向验证图（六股河口海域）

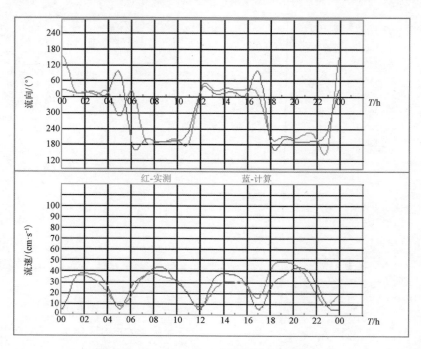

图 II-4　0104 流速流向验证图（锦州湾海域）

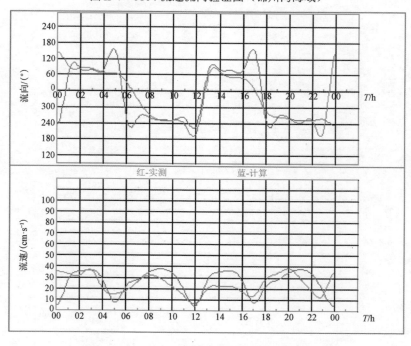

图 II-5　0201 流速流向验证图（锦州湾海域）

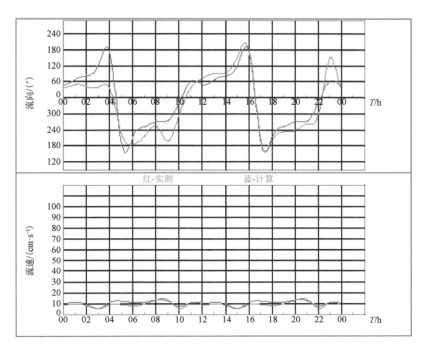

图 II-6　0202 流速流向验证图（鲅鱼圈海域）

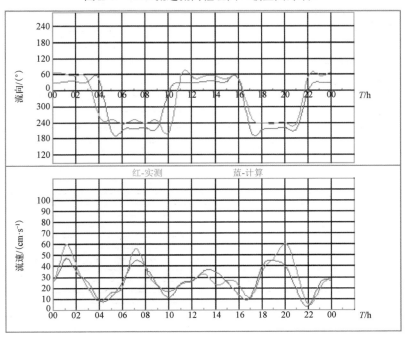

图 II-7　0301 流速流向验证图（复州湾海域）

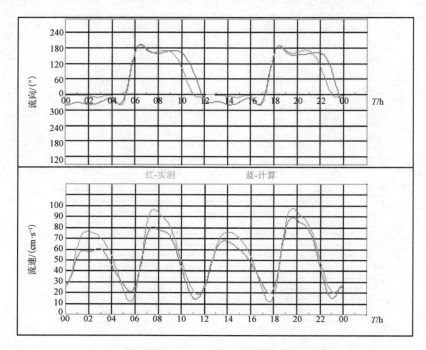

图Ⅱ-8　0302 流速流向验证图（葫芦山湾海域）

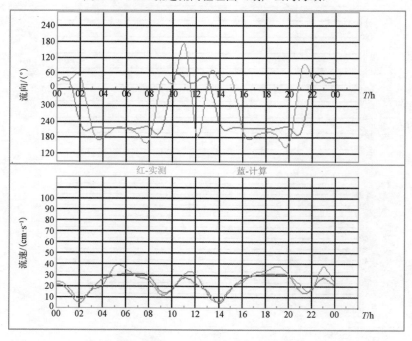

图Ⅱ-9　0303 流速流向验证图（普兰店湾海域）

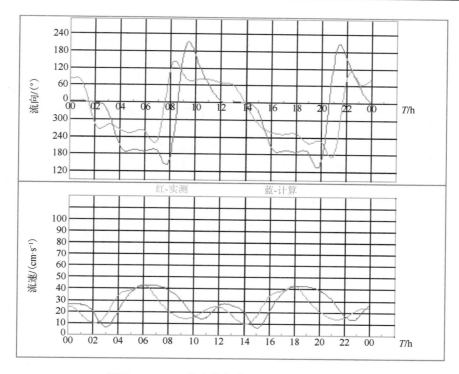

图II-10　0305流速流向验证图（金州湾海域）

附录III　计算海域的流场计算图

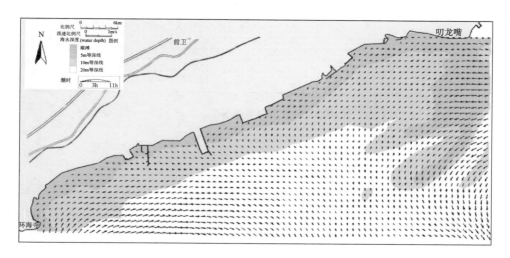

图III-1　芷锚湾海域流场图（高潮）

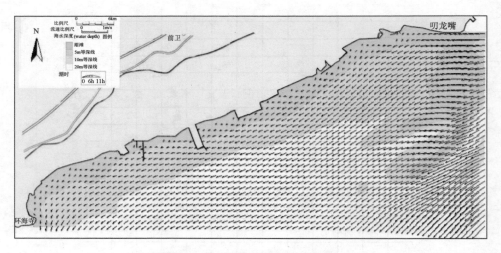

图Ⅲ-2　芷锚湾海域流场图（落急）

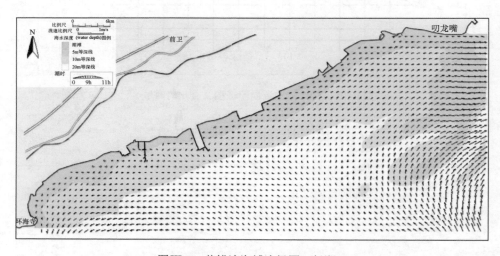

图Ⅲ-3　芷锚湾海域流场图（低潮）

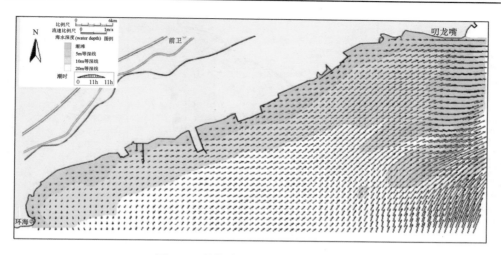

图III-4　芷锚湾海域流场图（涨急）

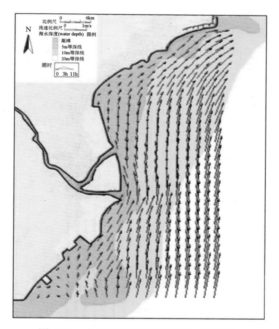

图III-5　六股河口海域流场图（涨急）

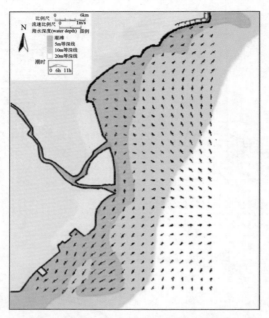

图Ⅲ-6　六股河口海域流场图（高潮）

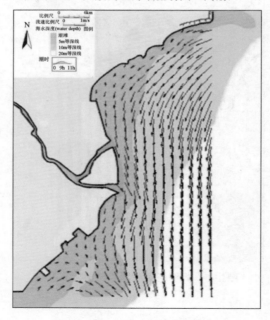

图Ⅲ-7　六股河口海域流场图（落急）

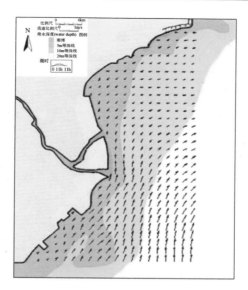

图Ⅲ-8　六股河口海域流场图（低潮）

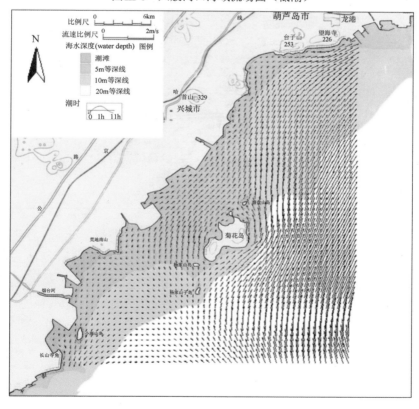

图Ⅲ-9　连山湾海域流场图（涨急）

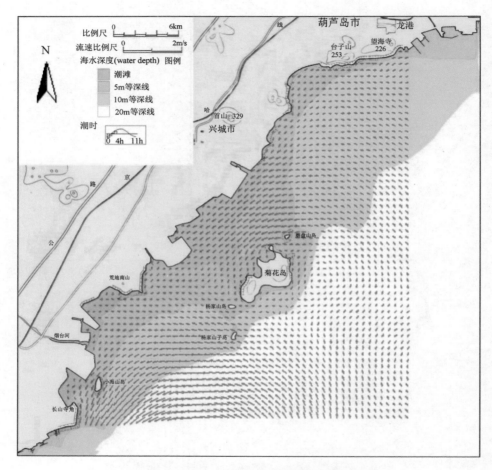

图Ⅲ-10　连山湾海域流场图（高潮）

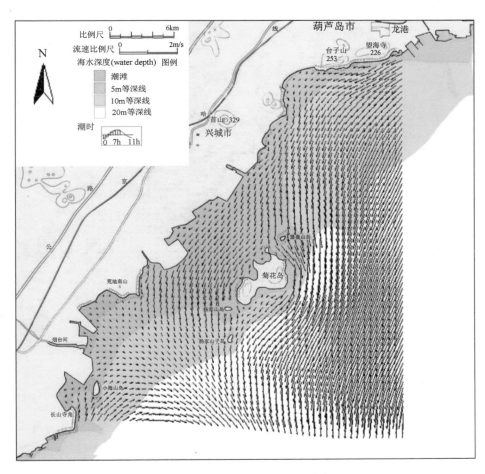

图Ⅲ-11　连山湾海域流场图（落急）

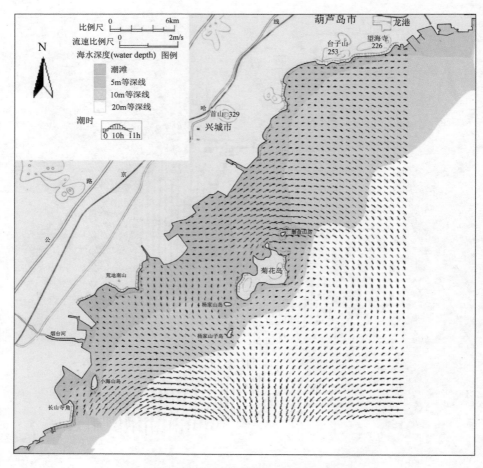

图Ⅲ-12　连山湾海域流场图（低潮）

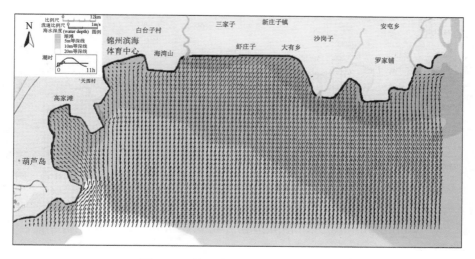

图Ⅲ-13　锦州湾海域流场图（涨急）

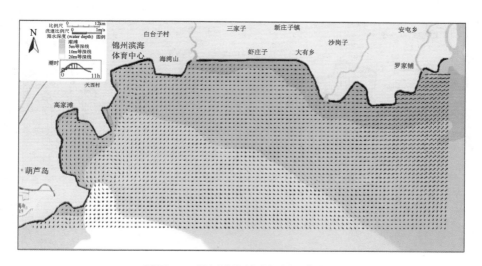

图Ⅲ-14　锦州湾海域流场图（高潮）

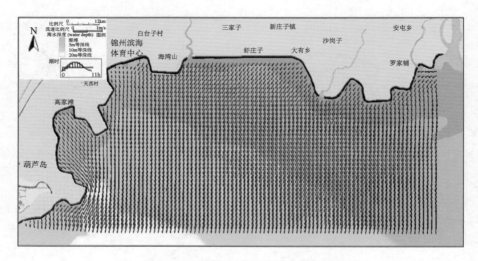

图Ⅲ-15　锦州湾海域流场图（落急）

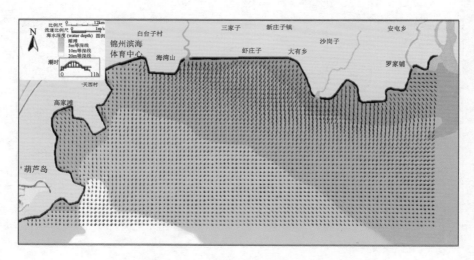

图Ⅲ-16　锦州湾海域流场图（低潮）

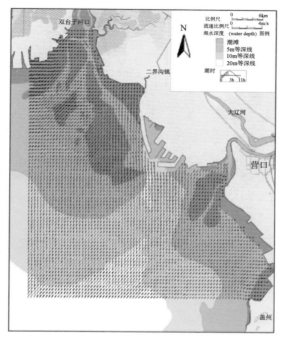

图Ⅲ-17　双台子河口海域流场图（涨急）

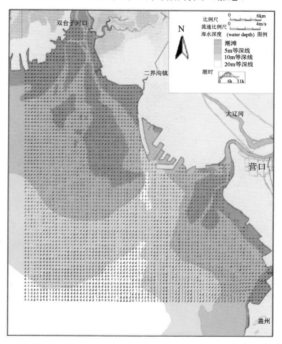

图Ⅲ-18　双台子河口海域流场图（高潮）

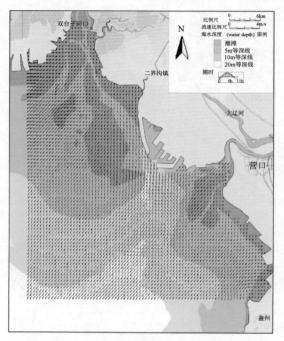

图Ⅲ-19　双台子河口海域流场图（落急）

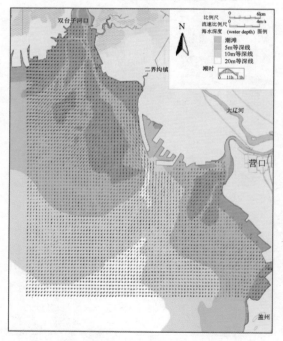

图Ⅲ-20　双台子河口海域流场图（低潮）

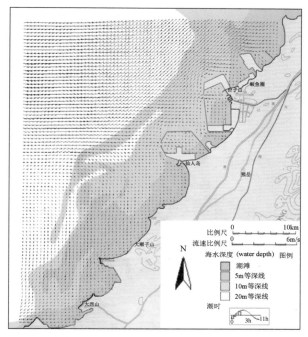

图III-21　鲅鱼圈海域流场图（高潮）

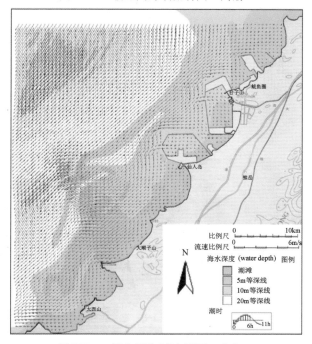

图III-22　鲅鱼圈海域流场图（落急）

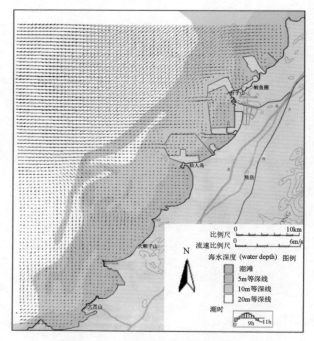

图Ⅲ-23　鲅鱼圈海域流场图（低潮）

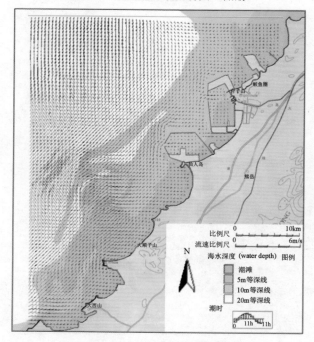

图Ⅲ-24　鲅鱼圈海域流场图（涨急）

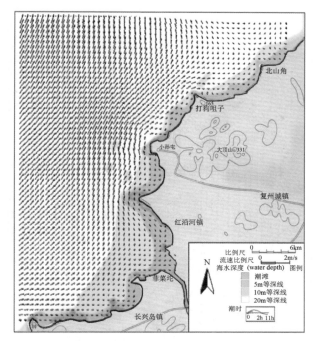

图Ⅲ-25　复州湾海域流场图（涨急）

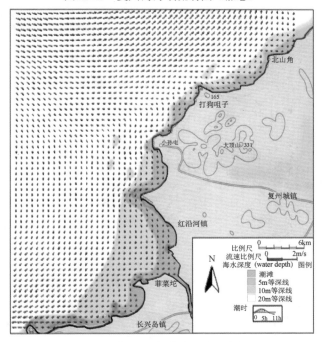

图Ⅲ-26　复州湾海域流场图（高潮）

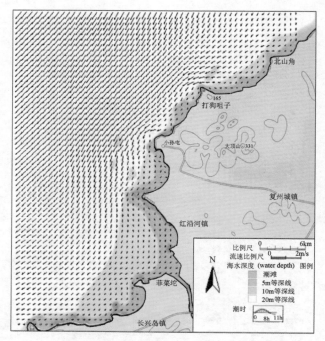

图Ⅲ-27　复州湾海域流场图（落急）

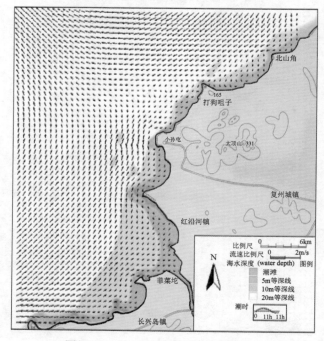

图Ⅲ-28　复州湾海域流场图（低潮）

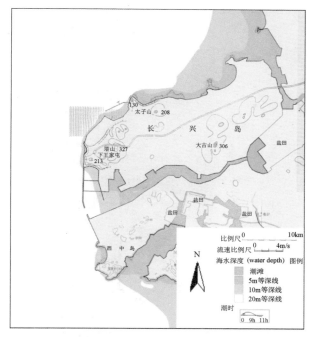

图Ⅲ-29　马家咀海域流场图（涨急）

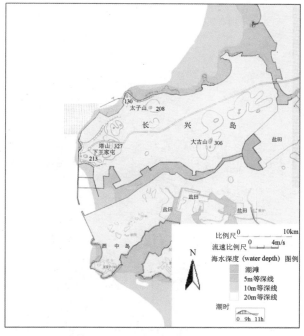

图Ⅲ-30　马家咀海域流场图（高潮）

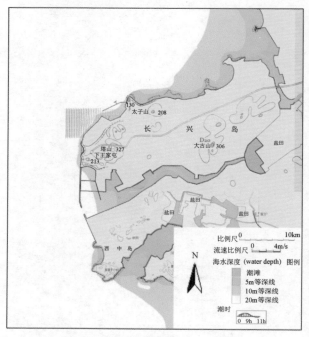

图Ⅲ-31 马家咀海域流场图（落急）

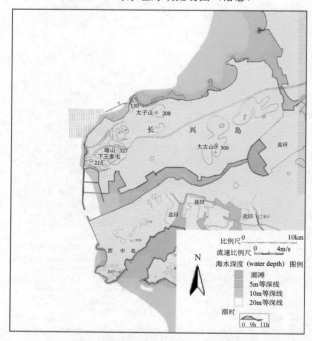

图Ⅲ-32 马家咀海域流场图（低潮）

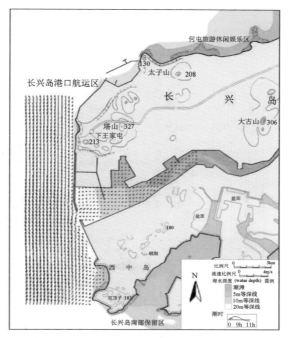

图Ⅲ-33　葫芦山湾海域流场图（涨急）

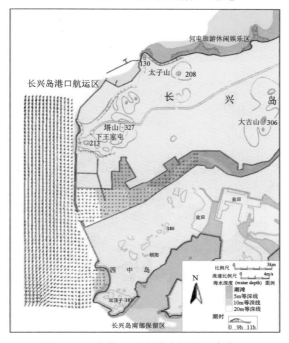

图Ⅲ-34　葫芦山湾海域流场图（高潮）

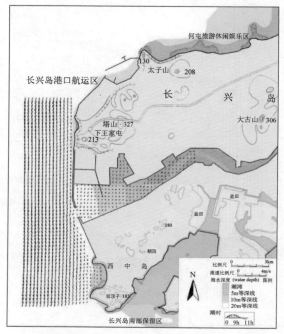

图Ⅲ-35　葫芦山湾海域流场图（落急）

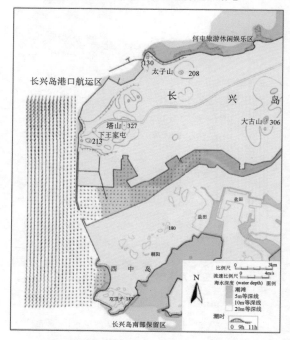

图Ⅲ-36　葫芦山湾海域流场图（低潮）

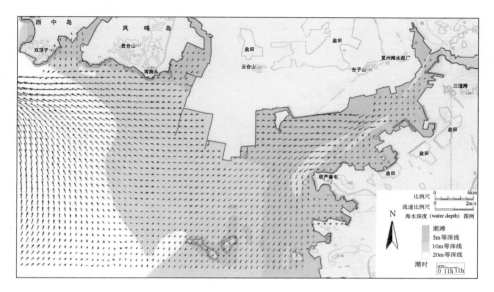

图Ⅲ-37　普兰店湾海域流场图（高潮）

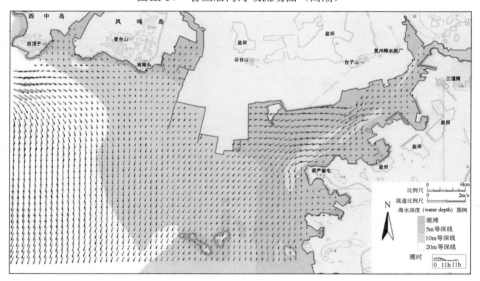

图Ⅲ-38　普兰店湾海域流场图（落急）

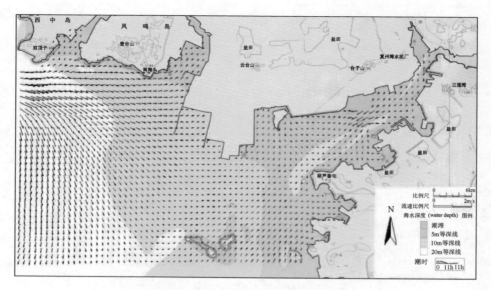

图Ⅲ-39　普兰店湾海域流场图（低潮）

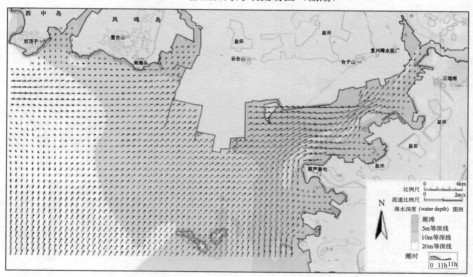

图Ⅲ-40　普兰店湾海域流场图（涨急）

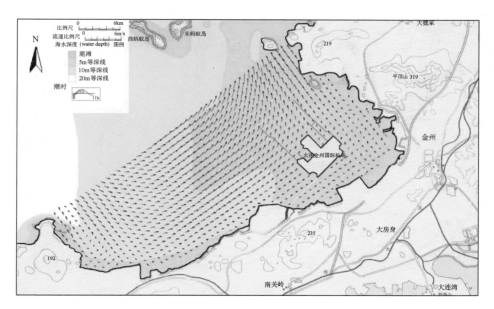

图Ⅲ-41　金州湾海域流场图（高潮）

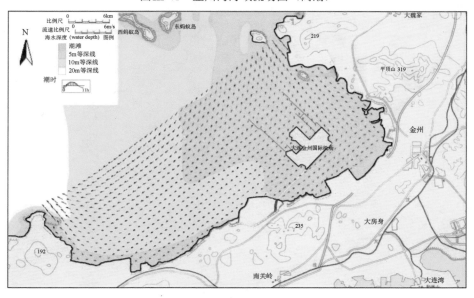

图Ⅲ-42　金州湾海域流场图（落急）

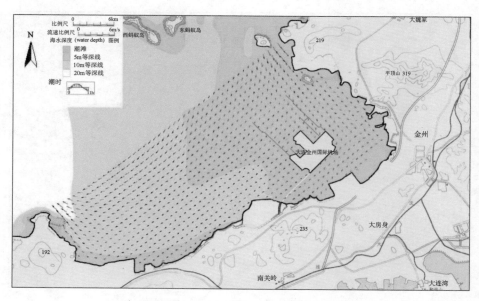

图Ⅲ-43　金州湾海域流场图（低潮）

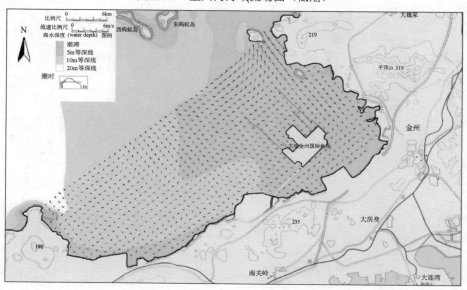

图Ⅲ-44　金州湾海域流场图（涨急）

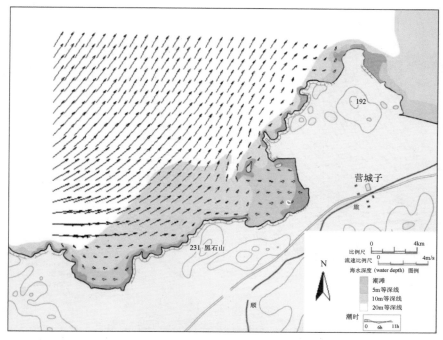

图III-45　营城子湾海域流场图（高潮）

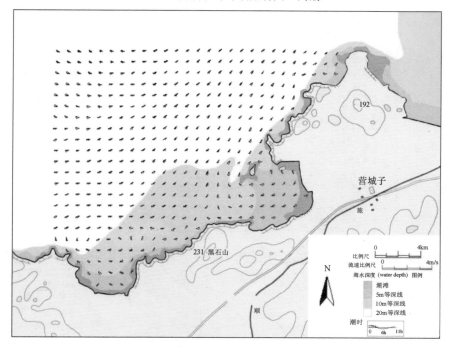

图III-46　营城子湾海域流场图（落急）

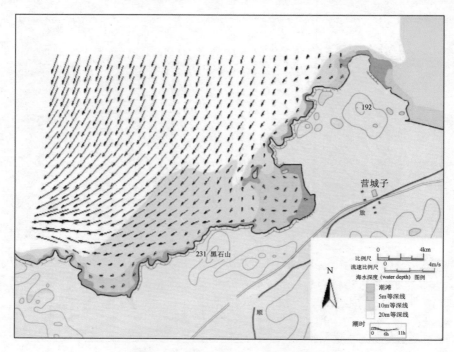

图III-47　营城子湾海域流场图（低潮）

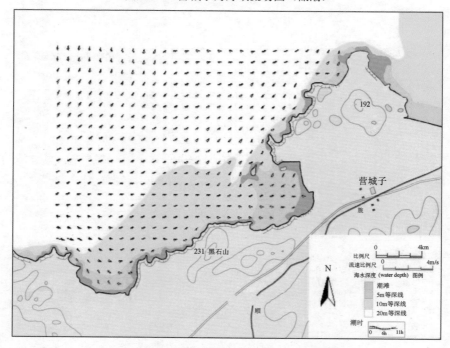

图III-48　营城子湾海域流场图（涨急）

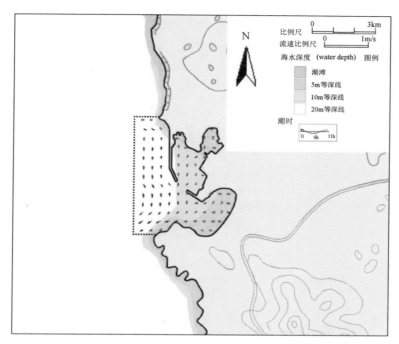

图Ⅲ-49 羊头湾海域流场图（高潮）

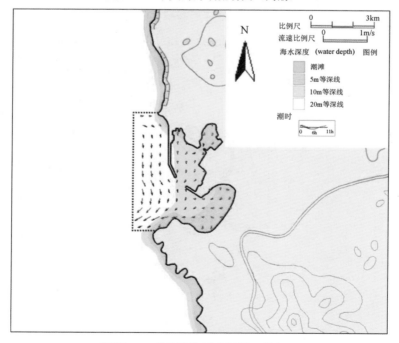

图Ⅲ-50 羊头湾海域流场图（落急）

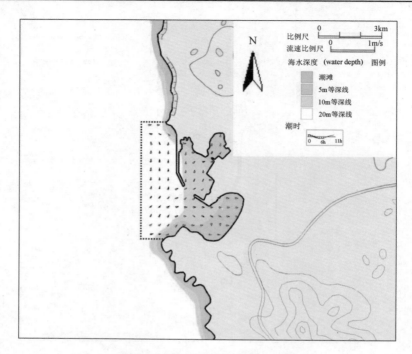

图Ⅲ-51 羊头湾海域流场图（低潮）

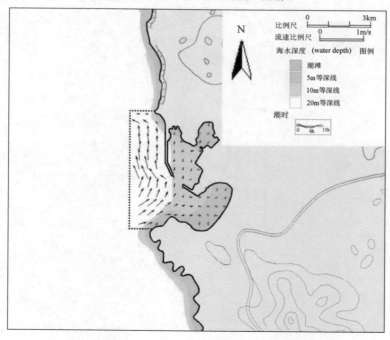

图Ⅲ-52 羊头湾海域流场图（涨急）